约客

宋 赵师秀

黄梅时节家家雨，
青草池塘处处蛙。
有约不来过夜半，
闲敲棋子落灯花。

古典诗词话气象

蒋国华 著

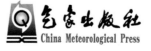

气象出版社

China Meteorological Press

图书在版编目（CIP）数据

古典诗词话气象 / 蒋国华著 . —北京：气象出版社，2018.6（2023.5 重印）
ISBN 978-7-5029-6218-0

Ⅰ.①古… Ⅱ.①蒋… Ⅲ.①气象学 – 普及读物 Ⅳ.① P4-49

中国版本图书馆 CIP 数据核字 (2018) 第 118192 号

Gudian Shici Hua Qixiang

古典诗词话气象

出版发行：气象出版社

地　　址：北京市海淀区中关村南大街 46 号　　邮政编码：100081
电　　话：010-68407112（总编室）　　010-68408042（发行部）
网　　址：http://www.qxcbs.com　　E-mail：qxcbs@cma.gov.cn
责任编辑：殷　淼　　　　　　　　　　终　审：张　斌
责任校对：王丽梅　　　　　　　　　　责任技编：赵相宁
封面设计：符　赋
印　　刷：北京地大彩印有限公司
开　　本：880 mm×1230 mm　1/24　　印　张：10
字　　数：148 千字
版　　次：2018 年 6 月第 1 版　　　　印　次：2023 年 5 月第 3 次印刷
定　　价：45.00 元

序

　　"春有百花秋有月，夏有凉风冬有雪"，天气气候现象是我国古典诗词里的常客。利用天气学原理，结合反映天气气候的优美古典诗词，对我国气候特征和各类天气现象进行科学阐释，是创作气象科普作品非常好的切入点，也是创新科普理念，让科普作品活起来，用大众喜闻乐见的作品扩大气象科普影响力的一个发力点。《古典诗词话气象》就是这样一本体现了科普创作和气象业务相融合的创新之作。

　　蒋国华在广东气象部门工作近 20 年，工作经验丰富，且有较深厚的文学功底。《古典诗词话气象》是他近年潜心创作的结晶，是一本融合气象、古典诗词的气象科普佳作。例如，在介绍我国梅雨天气特征时，作者先用宋代赵师秀《约客》中"黄梅时节家家雨，青草池塘处处蛙"两句，说明梅雨时节雨水之多；再用宋代贺铸《青玉案·凌波不过横塘路》中的名句"试问闲愁都几许？一川烟草，满城风絮，梅子黄时雨"，说明梅雨时节雨水持续时间之长；最后用宋代曾几《三衢道中》的"梅子黄时日日晴，小溪泛尽却山行"两句，说明梅雨不仅有正常梅雨，还有早梅雨、迟梅雨、短梅雨、特长梅雨，个别年份还会出现"空梅"。又如，在介绍雪的大小时，作者分单个雪花的大小、积雪量或积雪深度两种情况进行了说明。对于单个雪花的大小，以南朝梁时期吴均《咏雪》中"萦空如雾转，凝阶似花积"两句，分析雪飘而似雾积而似花，说明诗中所述是小片雪花；以唐代李白《北风行》中"燕山雪花大如席，片

片吹落轩辕台"两句，分析"雪花大如席"虽为夸张，但燕山雪花大片却是不虚。对于积雪量或积雪深度，以宋代司马光《柳枝词十三首（其一）》中"烟满上林春未归，三三两两雪花飞"两句，分析"三三两两"表示数目不多，由此推断降雪量比较少，有无积雪尚且难说，即便是有，也应是薄薄的一层；以唐代白居易《卖炭翁》"夜来城外一尺雪，晓驾炭车辗冰辙"两句，分析"一尺"虽为虚数，但极言积雪之深……那些看似比较枯燥的气象知识，结合古诗词进行阐释，立刻变得生动起来。

　　蒋国华在创作的过程中，特别关注未成年人等科普重点人群，注重促进全民气象科学素质提升。全书内容分为气候和天气现象两大部分，基本涉及了我国各类气候类型和天气现象，条理清晰、内容丰富、深入浅出、通俗易懂，既有科学性、知识性，又有艺术性、趣味性，非常适合广大学生、气象工作者，特别是对气象知识和古诗词有兴趣的朋友阅读。畅读此书，在诗情画意中收获气象知识，同时又感受古诗词的无穷魅力，美哉，乐哉。

　　是为序。

广东省气象局局长

庄旭东

目录

序

后记

气候篇

羌笛何须怨杨柳，春风不度玉门关
——漫谈我国气候与气候带

凉州词

[唐] 王之涣

黄河远上白云间，一片孤城万仞山。

羌笛何须怨杨柳，春风不度玉门关。

这首《凉州词》是唐代著名边塞诗人王之涣一首传诵千古的名诗。诗的大意是：黄河从辽阔的高原奔腾而下，远远望去，好像是从白云中流出来的一般。在高山大河的环抱下，一座地处边塞的孤城巍然屹立。羌笛何必吹起《折杨柳》这种哀伤的调子，埋怨杨柳不发、春光来迟呢？要知道，春风是吹不到玉门关外这苦寒之地的！

为什么"春风不度玉门关"呢？这就涉及气候与气候带的知识了。

气候是指某一地区多年常见的和特征性的天气状况的综合，通常用气温、降水、风、气压等气候要素特征值来表述。它包括多年平均值与极端值，前者代表多年平均状况，后者表示个别年份特殊情况。

太阳辐射是形成气候的最基本因素，另外，环流因子（包括大气环流和洋流）、下垫面（包括海陆分布、地形与地面特性、冰雪覆盖）

春风不度玉门关　邵华/摄

和人类活动，都对气候的形成与变化产生影响。气候带则是根据气候要素的纬向（沿着地球纬线）分布特性而划分的带状气候区，在同一气候带内，气候的基本特征相似。由于海陆分布、海拔高度、地形和大气环流等因素影响，实际的气候带界线并不完全和纬度圈平行。

　　我国幅员辽阔，跨纬度较广，距海远近差距较大，加之地势高低不同，地形类型及山脉走向多样，因而气温与降水的组合多种多样，形成了多种气候。从气候类型上看，东部属季风气候（包含热带季风气候、亚热带季风气候和温带季风气候），西北部属温带大陆性气候（包

含温带沙漠气候、温带草原气候、温带落叶林气候、亚寒带针叶林气候），青藏高原属高寒气候。从温度带划分看，有热带、亚热带、暖温带、中温带、寒温带和青藏高原区。从干湿地区划分看，有湿润地区、半湿润地区、半干旱地区、干旱地区之分。而且，同一个温度带内，可含有不同的干湿区，同一个干湿地区中又含有不同的温度带。因此，在相同的气候类型中，也会有热量与干湿程度的差异。地形的复杂多样，也使气候更具复杂多样性。

玉门关是古代通往西域的要道，故址位于甘肃省敦煌市城西北 80 千米的戈壁滩上，相传"和田玉"经此输入中原，因而得名。它是古"丝绸之路"北路必经的关隘。玉门关一带地处内陆腹地，受高山阻隔，远离温暖潮湿的海洋气流，是典型的干旱性温带大陆性气候，这种气候有三个明显的特点：一是干燥少雨，蒸发量大；二是日照时间长；三是四季分明，冬长于夏，昼夜温差大。如敦煌年均降雨量只有约 40 毫米，年蒸发量却达 2400 多毫米；每年的日照时数超过 3200 小时；年平均气温为 9.4 ℃，1 月平均气温为 –9.3 ℃，7 月平均最高气温为 24.9 ℃。诗人抓住当地苦寒的气候特征，借景抒情，将戍边士兵的怀乡之情写得苍凉慷慨，并对戍边士兵表达了深切的同情。

对气候差异描述的诗词还有很多，如清代徐兰所作《出居庸关》：

出居庸关

[清] 徐　兰

将军此去必封侯，士卒何心肯逗留。

马后桃花马前雪，出关争得不回头。

　　这是康熙三十五年（公元 1696 年），康熙皇帝统兵亲征噶尔丹时，徐兰随安郡王由居庸关至归化城，随军出塞时所作。居庸关在今北京市昌平区西北。"马后桃花"意谓关内正当春天，温暖美好；"马前雪"是说关外犹是冬日，严寒可怖。"桃花"与"雪"，一春一冬，前后所见，产生了强烈的视觉冲突，说明了关内关外气候迥异。

不同气候带之间气温、降水的差异

　　我国气候具有显著的季风特色、明显的大陆性气候和多样的气候类型等三大特点。气温和降水之于气候，如同不同肤色之于不同人种，是气候分类的最重要因素。下面，我们结合一些古诗词，谈谈我国气温和降水的分布特点，加深对我国气候特征的理解。

　　气温的分布不但与纬度有关，还与地理位置与地势高低有关。总体而言，我国气温分布特点为：冬季全国大部分地区气温普遍较低，但南

方偏暖北方偏寒，南北温差大，超过 50 ℃，如黑龙江省北极镇 1 月平均气温为 −30.6 ℃，而海南省三亚市 1 月的平均气温为 21.6 ℃。夏季全国大部分地区普遍高温（除青藏高原等地势较高地区外），7 月平均气温在 20 ℃以上，并且南北温差不大，也并不完全遵循北低南高的特征，如号称我国"三大火炉"的重庆、武汉、南京，7 月平均气温分别为 28.6 ℃、29.0 ℃、28.2 ℃，而新疆吐鲁番却高达 33 ℃。

在温度的差异上，唐诗《鹦鹉》《寒食》有如下描述：

鹦 鹉

[唐]罗 隐

莫恨雕笼翠羽残，江南地暖陇西寒。

劝君不用分明语，语得分明出转难。

寒 食

[唐]孟云卿

二月江南花满枝，他乡寒食远堪悲。

贫居往往无烟火，不独明朝为子推。

诗中"陇西"是指陇山（六盘山南段别称，延伸于陕西、甘肃边境）以西，旧传为鹦鹉产地。诗人在江南见到的这只鹦鹉，已被人剪了翅膀，关进雕花的笼子里，所以用"莫恨雕笼翠羽残，江南地暖陇西寒"这两句话来安慰它：且莫感叹自己被拘囚的命运，江南这个地方毕竟比自己老家陇西暖和多了。

孟云卿是陕西关西人，天宝年间科场失意后流寓荆州一带，在一个寒食节前夕写下了《寒食》这首绝句。寒食节时，江南正值花满枝头春意融融，而诗人的家乡还十分寒冷。诗人"独在异乡为异客，每逢佳节倍思亲"（王维《九月九日忆山东兄弟》），且其时处于穷困潦倒之际，不由悲从心来。

陇西与关西同属中温带，江南则属亚热带，一寒一暖，气温差异十分明显。

下面我们谈谈不同气候带之间降水的差异。

我国降水在空间分布与时间变化上的特征，主要是由于季风活动影响形成的。发源于西太平洋热带海面的东南季风和赤道附近印度洋上的西南季风把温暖湿润的空气吹送到中国大陆上，成为中国夏季降水的主要水汽来源。在夏季风正常活动的年份，每年4—5月暖湿的夏季风推进到南岭及其以南的地区，广东、广西、海南等省（区）进入雨季，降

水量增多。6月夏季风推进到长江中下游，秦岭—淮河以南的广大地区进入雨季。7—8月夏季风推进到秦岭—淮河以北地区，华东、东北等地进入雨季，降水明显增多。9月，北方冷空气的势力增强，暖湿的夏季风在它的推动下向南后退，北方雨季结束。10月，夏季风从中国大陆上退出，南方的雨季也随之结束。

一个地方降水量与蒸发量的对比关系，反映该地区气候的湿润程度。降水量大于蒸发量，气候湿润；降水量小于蒸发量，气候干旱。依据气候的干湿程度，我国可以划分为干旱地区、半干旱地区、半湿润地区、湿润地区。我国通常用降水量来划分干湿区，其中800毫米等降水量线为湿润区和半湿润区界线，400毫米等降水量线为半湿润区和半干旱区界线，200毫米等降水量线为半干旱区与干旱区界线。其中，400毫米等降水量线也是季风气候区与非季风气候区的分界线。分界线以东为季风区，在季风区中，冬季近地面受高压系统控制，盛行偏北风，气候干冷；夏季受低压系统控制，盛行偏南风，气候湿润。分界线以西为非季风区，夏季风势力难以到达，气候干旱。

非季风区气候干燥，大都属于半干旱地区或者干旱地区，那里有连绵千里的天原牧场，还有广袤无垠的沙漠。天宝八载（公元749年，唐玄宗在天宝三年改"年"为"载"，所以天宝三年后都称"某载"）唐代著名边塞诗人岑参第一次从军西征，在大沙漠中作《碛中作》：

碛中作

[唐]岑 参

走马西来欲到天，辞家见月两回圆。

今夜未知何处宿，平沙万里绝人烟。

"碛"即沙漠。此时诗人岑参离开长安已近两个月了，正逢十五的当晚宿营在广袤无垠的大沙漠之中，四顾茫茫，荒无人烟，只有一望无际的莽莽黄沙，连宿营处的地名都不知道。

季风区气候湿润，属半湿润地区或者湿润地区。季风区多降水，尤其夏季多暴雨和强对流天气，常会造成洪涝灾害，危害农作物，严重的则破坏房屋建筑、水利工程、交通电力设施等，甚至"江河横溢，人或为鱼鳖"（毛泽东《念奴娇·昆仑》），危及人民生命安全。

大雨逾旬既止复作江遂大涨（其二）

[宋]陆 游

一春少雨忧旱暵，熟睡湫潭坐龙懒。

以勤赎懒护其短，水满城门渠不管。

传闻霖潦千里远，榜舟发粟敢不勉。

空村避水无鸡犬，茅舍夜深萤火满。

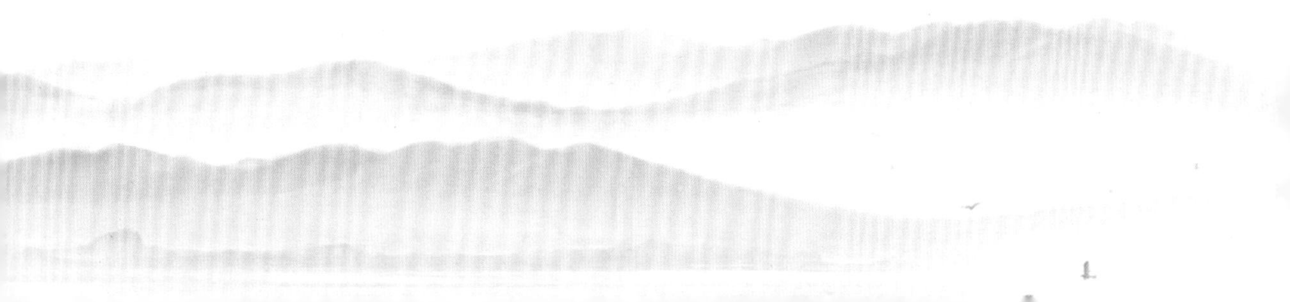

　　"旱暵"即天气干旱，"霖潦"指大雨积水成涝。农历五月，夏季风已推进到长江中下游地区，与势力减弱的冬季风在此僵持，长江中下游地区进入多雨时节。南宋淳熙七年（公元1180年）五月（农历），江西抚州（今抚州市，在抚河中游）一带发生"空村避水""霖潦千里"的大水灾。其时，诗人在抚州提举江南西路常平茶盐公事职，他眼见灾情这样严重，一面"榜舟发粟""草行露宿"，亲自到灾区视察，一面"奏拨义仓赈济，檄诸郡发粟以予民"，开仓济民，不料却因此触犯当道，竟被以"擅权"罪名罢职还乡。

　　季风气候区气候湿润，如果一个地方在某一时段内，降水明显偏少，则会形成干旱，正如非季风气候区照样也可能出现洪涝灾害一样。农谚说，"久雨必久晴""大涝必有大旱"，南宋淳熙七年在江西抚州应验了——春季出现了干旱（一春少雨忧旱暵），农历五月出现大涝，之后农历七月又遭遇了严重的伏旱。

秋旱方甚七月二十八夜忽雨喜而有作

[宋] 陆　游

嘉谷如焚稗草青，沉忧耿耿欲忘生。

钧天九奏箫韶乐，未抵虚檐泻雨声。

陆游是著名的爱国诗人，一生志在报国，恢复中原。年轻时梦想"上马击狂胡，下马草军书"（陆游《观大散关图有感》），壮年遭弹劾罢官却"位卑未敢忘忧国，事定犹须待阖棺"（陆游《病起书怀》），至老仍"僵卧孤村不自哀，尚思为国戍轮台"（陆游《十一月四日风雨大作》），"心在天山，身老沧州"（陆游《诉衷情·当年万里觅封侯》），临终之际还写下了"王师北定中原日，家祭无忘告乃翁"（陆游《示儿》）的遗言，体现了诗人至死不渝的爱国情怀！同时，陆游又是一位深切关心民间疾苦的诗人，看到禾苗都快要干死了，日夜为百姓的收成深深忧虑，终于下雨了，就觉得即使是天上神仙演奏的仙乐，也比不上这房檐滴水的声音动听。

不同气候带之间自然生态环境的差异

我国疆域辽阔，东西差异和南北纬度差异比较大，气候差异明显，形成了各具特色的自然生态环境。广大西北地区降水稀少，气候干燥，冬冷夏热，气温变化显著；长江和黄河中下游地区，雨热同季，四季分明；南部的雷州半岛、海南、台湾和云南南部等地，高温多雨，长夏无冬；北部的黑龙江等地区，冬季严寒多雪；西南部的高山峡谷地区，依海拔高度的上升，呈现出从湿热到高寒的多种不同气候。

风吹草低见牛羊　邵华/摄

敕勒歌

北朝民歌

敕勒川，阴山下，

天似穹庐，笼盖四野。

天苍苍，野茫茫，

风吹草低见牛羊。

《敕勒歌》选自《乐府诗集》，是南北朝时期黄河以北的北朝流传的一首民歌，一般认为是由鲜卑语译成汉语的。"敕勒"是古代民族的名字，这个民族活动在今甘肃、内蒙古一带，过着"逐水草而居"的生活。阴山就是大青山，在内蒙古自治区中部。《敕勒歌》通过对大草原自然景色的生动描述，歌唱了游牧民族的生活。

我国温带草原面积很大，主要在松辽平原、内蒙古高原和黄土高原。温带草原气候是一种大陆性气候，是森林到沙漠的过渡地带。气候呈干旱半干旱状况，土壤水分仅能供草本植物及耐旱作物生长。温带草原气候具有明显的大陆性，冬冷夏热，气温年较差大，最热月平均气温在20 ℃以上，最冷月平均气温在 0 ℃以下；年平均降水量为200 ～ 450毫米，集中在夏季，干燥程度仅逊于沙漠气候。

唐开元二十五年（公元 737 年），河西节度副使崔希逸战胜吐蕃，王维以监察御史的身份出塞宣慰，察访军情，途中乃作《使至塞上》：

使至塞上

[唐]王　维

单车欲问边，属国过居延。

征蓬出汉塞，归雁入胡天。

大漠孤烟直，长河落日圆。

萧关逢候骑，都护在燕然。

黄沙万里长　吴卫平／摄

居延为我国古代西北地区军事重镇，位于巴丹吉林沙漠西北缘，北近中蒙边界，今已被沙漠吞没。萧关是古关名，是关中通向塞北的交通要衢，在今宁夏回族自治区固原东南。燕然在今蒙古人民共和国的杭爱山，这里代指前线。该诗描绘了塞外辽阔壮丽的沙漠风光，其中"大漠孤烟直，长河落日圆"两句对沙漠中的典型景物进行了生动刻画，历来为世人所称道。如《红楼梦》中，曹雪芹借香菱之口说："'大漠孤烟直，长河落日圆'。想来烟如何直？日自然是圆的。这'直'字似无理，'圆'字似太俗。合上书一想，倒像是见了这景似的。要说再找两个字换这两个，竟再找不出两个字来。"

巴丹吉林沙漠位于我国内蒙古自治区阿拉善盟阿拉善右旗北部，雅布赖山以西、北大山以北、弱水以东、拐子湖以南，面积 4.43 万平方千米，是我国第三大沙漠，其中西北部还有 1 万多平方千米的沙漠至今没有人类的足迹。巴丹吉林沙漠属温带大陆性沙漠气候，气候极为干旱，降水稀少，且多集中在 6—8 月，年降水量仅 50 ～ 60 毫米，年蒸发量大于 3500 毫米；年平均气温 7 ～ 8 ℃，温差大，夏季最高气温可达 38 ～ 43 ℃，冬季最低气温可至 – 37 ～ –30 ℃。沙漠内植物较少，仅稀疏生长着一些耐寒、抗热、抗旱、耐盐碱、耐瘠薄的灌木、半灌木等。

沙漠和草原，分布在我国的内陆，属非季风区。江南处季风区，自然景观又是另外一番景象。

沙漠中的低矮植被　吴卫平／摄

气
候
篇

望海潮·东南形胜

[宋] 柳　永

东南形胜，三吴都会，钱塘自古繁华。烟柳画桥，风帘翠幕，参差十万人家。云树绕堤沙。怒涛卷霜雪，天堑无涯。市列珠玑，户盈罗绮，竞豪奢。

重湖叠巘(yǎn)清嘉，有三秋桂子，十里荷花。羌管弄晴，菱歌泛夜，嬉嬉钓叟莲娃。千骑拥高牙。乘醉听箫鼓，吟赏烟霞。异日图将好景，归去凤池夸。

钱塘（今浙江杭州市），从唐代开始便已十分繁华，到了宋代又有进一步的发展。柳永在这首词里，以生动的笔墨，把杭州描写得富丽非凡。西湖的美景，钱塘江潮水的壮观，杭州市区的繁华富庶，当地上层人物的享乐，下层人民的劳动生活，都一一注于词人的笔下，展现出一幅幅优美壮丽、生动活泼的画面。相传金主完颜亮听唱"三秋桂子，十里荷花"以后，便羡慕钱塘的繁华，从而更加强了他侵吞南宋的野心。说完颜亮因受一首词的影响而萌发南侵之心，并不足信，但"上有天堂，下有苏杭"的说法由来已久，"钱塘自古繁华"却也并非溢美之词。

描写江南美景的诗词不计其数，也不乏传诵千古的名篇，晚唐时期著名诗人杜牧所作《江南春》绝句当为翘楚：

断桥 邵华/摄

江南春

[唐]杜 牧

千里莺啼绿映红，水村山郭酒旗风。

南朝四百八十寺，多少楼台烟雨中。

柳永词着眼杭州，精堆细砌；杜牧诗放眼千里，凝练自然，都将江南美景描绘得呼之欲出。难怪南朝诗人谢朓在其《入朝曲》有"江南佳丽地"之说。

江南为何如此风光秀丽、富庶繁华？应该说与江南一带的气候有着十分密切的关系。江南一带属亚热带季风气候，其主要气候特征是：冬温夏热、四季分明，降水丰沛且季节分配均匀。相对我国西北地区的温带大陆性气候而言，江南气候温暖、降水充沛；相对我国南部热带地区而言，则四季分明且分配均匀，高温炎热的夏季没有那么漫长。

"请到天涯海角来，这里四季春常在……八月来了花正香，十月来了花不败……"20 世纪 80 年代，一首《请到天涯海角来》，唱得国人对海南心驰神往。但在古代，海南虽然照样一年四季鸟语花香，但并不见得"宜人"，也并不怎么令人向往，那里是"南荒"之地，是封建帝王贬谪臣子之地。

宋绍圣四年(公元1097年)，苏轼在62岁高龄之时被贬谪海南儋州。在谪居海南岛的 3 年时间里，苏轼在海南传播中原文化，开启民智，并写下了 170 多首诗词。这些诗词，有些展现了"天涯海角"的奇异风光，有些描述了当地的自然景观，有些则反映了当地汉黎百姓的生活。3 年后贬归，北渡琼州海峡当晚，他写下《六月二十日夜渡海》一诗，回顾了在海南这一段九死一生的经历。

六月二十日夜渡海

[宋]苏 轼

参横斗转欲三更，苦雨终风也解晴。

云散月明谁点缀，天容海色本澄清。

空余鲁叟乘桴意，粗识轩辕奏乐声。

九死南荒吾不恨，兹游奇绝冠平生。

"九死南荒吾不恨，兹游奇绝冠平生"，虽是九死一生，但苏轼并不悔恨，在他看来，这次被贬海南，见闻奇绝，是平生所不曾有过的，是一生中挺有意义的一段经历。北宋建中靖国元年（公元1101年），遇赦北返的苏轼游览镇江金山寺，此时离其病逝仅两个月。当苏轼看着寺里那幅"宋画中第一人"李公麟所画的苏东坡画像时百感交集，写下了《自题金山画像》，其中有"问汝平生功业，黄州惠州儋州"两句，可见儋州在东坡居士心中的分量。

但为什么苏轼说海南是南荒之地呢？这是因为，古代把远离中原政治、文化、经济的南方广大地区称为蛮夷之地。海南地处热带，四面环海，为典型的热带季风气候，其高温（年平均气温在22～26 ℃，最冷月1月的平均气温在16 ℃以上），潮湿多雨（年均降水量为1500～2000毫米），为瘴气（古代指湿热多雨的气候）之地，北方人多不习惯。

如今的海南自是不可同日而语，充足的热量资源使海南四季温暖，

草木不凋，花果飘香，成为全国最大的热带作物基地，冬季果菜基地和全国著名的冬泳、避寒度假旅游区。海角天涯、鹿回头，椰林、海浪、白帆，博鳌亚洲论坛、国际旅游岛……实在是令人流连忘返。

我国还有比较特殊的一类气候——高山峡谷气候。

1935年10月，毛泽东主席满怀豪情写下了气壮山河的《七律·长征》：

七律·长征

毛泽东

红军不怕远征难，万水千山只等闲。

五岭逶迤腾细浪，乌蒙磅礴走泥丸。

金沙水拍云崖暖，大渡桥横铁索寒。

更喜岷山千里雪，三军过后尽开颜。

红军长征在四川走过的地方属川西高原，现大渡河边、夹金山脊、大雪山、千里岷山、红原草地，都留下了不少红军长征遗迹。川西高原为青藏高原东南缘和横断山脉的一部分，海拔从数百米到数千米，地势起伏大，形成了独特的高山峡谷气候，从河谷到山脊依次出现亚热带、暖温带、中温带、寒温带、亚寒带和寒带。如大渡河谷，海拔1000米左右，植被为亚热带常绿阔叶林，为亚热带；夹金山、大雪山、岷山，海拔 4000 米以上，气候寒冷，山顶终年积雪，为寒带；红原草地在川西北若尔盖地区的高原湿地，海拔 3400～3800 米，植被主要是藏嵩草、乌拉苔草、海韭菜等，形成草甸，状同草地，为亚寒带。

此外，我国还有温带季风气候、高寒气候和热带雨林气候等气候类型。

我国东北、华北地区大部分属温带季风气候，虽同处季风区，但与热带、亚热带的自然生态环境也大有不同。温带季风气候是亚热带与温带的过渡气候，其主要特征是：冬季寒冷干燥，夏季温暖湿润，干湿和四季分明。在这种气候环境下，其自然带为温带落叶阔叶林带，主要树种为栎、山毛榉、槭、桦、椴、桦等落叶阔叶林。群落的垂直结构一般具有四个非常清楚的层次，从高到低依次为乔木层、灌木层、草本层和苔藓地衣层。藤本和附生植物极少。各层植物冬枯夏荣，季相变化十分鲜明。

青藏高原平均海拔 4500 米，有"世界屋脊"之称，年平均气温低是其主要气候特征，属高寒气候，这里不但有高寒草原与草甸生态系统，还是兼有沙漠、湿地及多种森林类型的自然生态系统。热带雨林气候以云南的西双版纳为代表，优越的地理区位和气候使这里保留了丰富的生物物种资源，被誉为"动物王国""植物王国"和"物种基因库"。

诗词中关于气候方面的描述还有许多，有兴趣的朋友可以一探幽径。

黄梅时节家家雨，青草池塘处处蛙
——漫谈地方性气候

在我国的一些地区，一年中某一个特定的时期总是出现某种天气特征，成为一种地方性的气候。最为人们所熟知的例子就是长江中下游地区的梅雨了。梅雨时节，阴雨连绵，连日不断，因此时正值梅子成熟，所以称为"梅雨"。梅雨是古诗词经常吟咏的对象，如宋代赵师秀《约客》：

约 客

[宋] 赵师秀

黄梅时节家家雨，青草池塘处处蛙。

有约不来过夜半，闲敲棋子落灯花。

夏天的某一个夜晚，约客久等不至，窗外是连绵的细雨，青蛙呱噪声不时从青草池塘处传来，诗人在百般聊赖之中，唯有"闲敲棋子落灯花"。"家家雨"极言梅雨时节雨水之多。

梅雨天气是长江中下游地区所特有的，但它的出现却不是一种孤立现象，是和大范围的雨带南北位移息息相关的，梅雨天气就是因为雨带停滞在这一地段所致。这条雨带又是怎样产生的呢？每年从春季开始，暖湿空气势力逐渐加强，从海上进入大陆以后，就与从北方南下的冷空气相遇，由于从海洋上源源而来的暖湿空气含有大量水汽，因此形成了一条长条形的雨带。如果冷空气势力比较强，雨带就向南压；如果暖空气势力比较强，雨带则向北抬。但初夏时期在长江中下游地区，冷暖空气旗鼓相当，这两股不同的势力就在这个地区对峙，互相胶着，展开一场较为持久的"拉锯战"，因而就形成了一条稳定的降雨带，造成了这种绵绵的阴雨天气。这就是江南地区初夏季节梅雨形成的原因。

持续连绵的阴雨高温，导致衣物经常出现发霉现象，这是梅雨季节的主要特征。李时珍在《本草纲目》中说："梅雨或作霉雨，言其沾衣及物，皆出黑霉也。"我在南京求学时，每当梅雨季节，毛巾如果晾晒不佳，十天半月之后便如米汤泡过一般，甚至搓洗之下会呈"心似双丝网，中有千千结"（张先《千秋岁·数声鶗鴂》）状。梅雨时节在长江中下游生活过的人，或许大都有过类似的经历吧。

梅雨季节，细雨绵绵，连月不开，淅淅沥沥，在心头漫溢，唤起不少文人墨客的愁思。

青玉案·凌波不过横塘路

[宋] 贺 铸

凌波不过横塘路，但目送、芳尘去。锦瑟华年谁与度？月台花榭，琐窗朱户，只有春知处。

碧云冉冉蘅皋暮，彩笔新题断肠句。试问闲愁都几许？一川烟草，满城风絮，梅子黄时雨。

江南梅雨　吴卫平／摄

这首词通过对暮春景色的描写，虚写相思之情，实抒郁郁不得志的"闲愁"。"试问闲愁都几许？一川烟草，满城风絮，梅子黄时雨"，叠写三句，极言愁绪之多之广之长，兼兴中有比，韵味悠长，为传诵一时的名句，贺铸也因此获"贺梅子"的雅称。

一般而言，我国长江中下游地区的梅雨约在6月中旬开始，7月中旬结束，也就是出现在"芒种"和"夏至"两个节气内，长20～30天。"小暑"前后起，主要降雨带就北移到黄（河）、淮（河）流域，进而移到华北一带。长江流域由阴雨绵绵、高温高湿的天气开始转为晴朗炎热的盛夏。但老天爷并不总是按规律出牌的，梅雨有时早有时迟、有时长有时短，甚至个别年份还会出现"空梅"。

气象上，通常把"芒种"以前开始的梅雨，统称为"早梅雨"。早梅雨时，由于在梅雨刚刚开始的一段时间内，从北方南下的冷空气还比较频繁，因此，阴雨开始之后，气温还比较低，甚至有时会有"乍暖还寒"的感觉，也就没有明显的潮湿现象。以后，随着阴雨维持时间的延长、暖湿空气加强，温度逐渐上升，湿度不断增大，梅雨固有的特征也就越来越明显了。早梅雨往往呈现两种情形。一种是开始早、结束迟，甚至拖到7月下旬才结束，雨期长达40～50天，个别年份长达2个月。另一种是开始早、结束也早，到6月下旬，长江中下游地区就进入了盛夏，由于盛夏提前到来，常常造成长江中下游地区不同程度的伏旱。

同早梅雨相反的是姗姗来迟的梅雨，气象上通常把6月下旬以后开

始的梅雨称为"迟梅雨"。由于迟梅雨开始时已经比较晚,北上的暖湿空气势力很强,同时,太阳辐射也比较强,空气受热后,容易出现激烈的对流,因而迟梅雨多雷雨等强对流天气。迟梅雨的持续时间一般不长,平均只有半个月左右。不过,这种梅雨的降雨量有时却相当集中。

"特长梅雨"是指那种持续时间特别长的梅雨,如1954年,梅雨期维持两个月之久,并不时有大雨、暴雨出现,造成了当年我国江淮流域出现了百年一遇的特大洪水。当然,像1954年那样的特长梅雨,是极为罕见的。

有些年份梅雨却非常不明显,它像来去匆匆的过客,在长江中下游地区停留十来天以后,就急急忙忙地向北去了,这种情况称为"短梅"。更有甚者,有些年份从初夏开始,长江流域一直没有出现连续的阴雨天气,本来在梅雨时节经常要出现的衣服发霉现象也几乎没有发生,这样的年份称为"空梅"。

在梅雨季节,能够遇上几天晴好天气,就像久旱遇甘霖一样,心情都是轻快舒畅的。

三衢道中

[宋] 曾 几

梅子黄时日日晴,小溪泛尽却山行。

绿荫不改来时路,添得黄鹂四五声。

三衢即三衢山，在今浙江省衢州。赵师秀作《约客》时在杭州。衢州与杭州，同属浙江，纬度相近，为什么一个"家家雨"，一个"日日晴"呢？正是因为梅雨时节不单有正常梅雨，还有早梅雨、迟梅雨、特长梅雨、短梅雨，个别年份还会出现"空梅"。梅雨时节"日日晴"，诗人心情舒畅，于是"小溪泛尽却山行"，潇洒走一回了。

与梅雨有关的古诗词还有很多。

梅 雨

[唐] 杜 甫

南京犀浦道（一作西浦道），四月熟黄梅。

湛湛长江去，冥冥细雨来。

茅茨疏易湿，云雾密难开。

竟日蛟龙喜，盘涡与岸回。

梅 雨

[唐] 柳宗元

梅实迎时雨，苍茫值晚春。

愁深楚猿夜，梦断越鸡晨。

海雾连南极，江云暗北津。

素衣今尽化，非为帝京尘。

齐天乐·疏疏数点黄梅雨

[宋]杨无咎

疏疏数点黄梅雨。殊方又逢重五。角黍包金，草蒲泛玉，风物依然荆楚。衫裁艾虎。更钗凫朱符，臂缠红缕。扑粉香绵，唤风绫扇小窗午。

沈湘人去已远，劝君休对酒，感时怀古。慢转莺喉，轻敲象板，胜读离骚章句。荷香暗度。渐引入陶陶，醉乡深处。卧听江头，画船喧叠鼓。

"华西秋雨"也是我国非常典型的地方性气候。华西秋雨是指我国西部地区秋季多雨的特殊天气现象，主要指渭水流域、汉水流域、川东、川南东部等地区的秋雨。秋季频繁南下的冷空气与停滞在该地区的暖湿空气相遇，使锋面活动加剧而产生较长时间的阴雨。平均来讲，降雨量一般多于春季，仅次于夏季，形成一个次极大值。在水文上则表现为显著的秋汛。

唐代诗人李商隐早期因文才而深得牛党令狐楚的赏识，后因李党王茂元爱其才而将女儿嫁给他，因此遭到牛党的排斥。此后，李商隐便在牛李两党争斗的夹缝中求生存，辗转于各藩镇当幕僚，郁郁而不得志。诗人客居巴蜀时，抓住当地秋季多雨这一气候特征，写下千古传诵的名篇《夜雨寄北》，表达了他对远方妻子的思念和急切思归的心情。

夜雨寄北

[唐]李商隐

君问归期未有期，巴山夜雨涨秋池。

何当共剪西窗烛，却话巴山夜雨时。

　　"巴山"是指大巴山脉。"巴山夜雨涨秋池"说明华西秋雨雨量大，积水涨满了池塘。

　　李商隐这首《夜雨寄北》，是我最喜欢的爱情诗之一。那种隔空相思、长相守望的爱情，与"执手相看泪眼，竟无语凝噎"（柳永《雨霖铃·寒蝉凄切》）一样地缠绵悱恻，又与"执子之手，与子偕老"（《诗经·邶风·击鼓》）一样地温情脉脉。虽不能以我手牵你手，但却能"以我心暖你心"！穿越千年时空，读之依旧令人怦然心动！

　　此外，我国还有一些比较有特色的地方性气候，如"雅安天漏"和"蜀犬吠日"以及南方的"回南天"等，只是影响和名气不如梅雨和华西秋雨那么大罢了。

　　雅安位于四川省西部，东邻平畴千里的四川盆地，西接号称世界屋脊的青藏高原，为盆地到高原的过渡地带。雅安的地形兼有"迎风坡"和"喇叭口"特点，常受高原西来气流和盆地暖湿气流的交互影响，加之接受了太平洋偏南气流输送的水汽，不但雨日多、雨时长，而且雨量大。雅安的年均雨日高达218天，有时降水强度很大，所以历来素有"雅安天漏"之称。

　　唐代大文学家韩愈的《与韦中立论师道书》说："蜀中山高雾重，见日时少；每至日出，则群犬疑而吠之也。"这便是"蜀犬吠日"这个成语的由来。意思是说，巴蜀之地山高雾大，那里的狗不常见太阳，看到太阳后觉得奇怪，便对着太阳叫。狗因为少见太阳而对着太阳叫，固然有点夸张，但四川盆地四周群山环绕，空气潮湿，水汽不易散开，天空云量多，日照时间少，却是不争的事实。"蜀犬吠日"这个成语现用来表示少见多怪的意思。

　　"回南天"是天气返潮现象，一般出现在春季，主要是因为冷空气走后，暖湿气流迅速反攻，致使气温回升，空气湿度加大，温度较低的物体表面遇到暖湿气流后，容易产生水珠。"回南天"的形成原理跟露水是一样的，只不过这种"露水"是结在了家里，结在了墙壁、地板和家具上。"回南天"现象主要出现在南方，这与南方空气湿度大有关。在"回南天"时，一些物品或食品很容易受潮，进而霉变腐烂。因此，"回南天"堪称南方的梅雨天气。同时，浓雾也是"回南天"最具特色的天气现象之一。秦少游在郴州所作《踏莎行》中有"雾失楼台，月迷津渡"两句，遇到的可能就是回南天时的大雾天气。另外，"回南天"时，湿度大、雾气重，人容易感到体倦力乏，身体不适，广东人喜欢煲祛湿汤与"回南天"不无关系。

华南"回南天"　韩慎友／摄

红豆生南国，春来发几枝
——漫谈动植物的地域性与差异性

相　思

〔唐〕王　维

红豆生南国，春来发几枝。

愿君多采撷，此物最相思。

红豆　吴卫平／摄

这首《相思》是唐朝著名诗人王维青年时期所作，该诗题名又作《江上赠李龟年》。诗人用短短二十个字，表达了对朋友的眷念之情，单纯质朴而又韵味隽永。传说古代有一位女子，因丈夫死在边地，哭死于树下，血泪化为红豆，于是人们又称红豆为"相思子"。《红楼梦》第二十八回《蒋玉菡情赠茜香罗 薛宝钗羞笼红麝串》中，宝玉赴冯紫英家宴，席中宝玉唱词中有"滴不尽相思血泪抛红豆"之句，就是从此而来。红豆性喜温暖，耐高温，所以我国只在南方才有。红豆结实如豌豆，鲜红浑圆，古人常用来镶嵌饰物。

为什么红豆只生长在南方呢？这就涉及我国气候及植物分布的地域性了。

植物分布的地域性

我国幅员辽阔，气候复杂多样，因而适宜世界上大多数动植物生长。例如玉米的故乡在墨西哥，引种到我国后广泛种植，现已成为我国重要的粮食作物之一；红薯最早引种在浙江一带，目前已在全国普遍种植。但"物竞天择，适者生存"是生物界的自然法则，因气候等因素的不同，动植物分布也有着明显的地域性，而且部分相同物种之间也存在着一定的差异。

要阐述植物分布的地域性，自然带这个概念我们得在这里提一提。

各个地区由于所处的纬度位置和海陆位置不同，分别有一定的热量和水分的组合，以及有代表性的植被和土壤类型，并且占有一定的宽度，在地球上呈长带状的分布，叫作自然带。自然带反映气候、土壤、动植物等地理事物构成的自然环境整体。气候是构成自然带最活跃的因素，是划分自然带的基础，而自然带最容易从植被类型的差异上反映出来，因此，陆地上的自然带常常以植被类型来命名。

我国自然带大致分东部季风区森林区、西北内陆区草原沙漠区、青藏高原高原植被区。森林区则又可分为寒温带针叶林区（包括黑龙江最北部和内蒙古最东北部），中温带落叶阔叶和针叶混交林区（包括黑龙江大部、吉林全部、辽宁北部），暖温带落叶阔叶林区（包括辽宁中南部，河北、山西、山东、北京、天津全部，河南、安徽和江苏省淮河以北地区，陕西省秦岭以北地区，甘肃东部，宁夏南部），亚热带常绿阔叶林区（包括河南、安徽和江苏省淮河以南地区，四川东部，重庆、湖北、湖南、江西、上海、浙江、福建、广西、贵州全部，广东大部，台湾北部，陕西南部，云南除西北部、南部外地区），以及热带雨林区（包括台湾南部、广东南部雷州半岛、海南全省、云南南部）。草原沙漠区又可分为草原区（内蒙古贺兰山以东地区、宁夏北部、甘肃中部、新疆高山地区）和沙漠区（新疆大部、内蒙古西部、甘肃西部）。高原植被区则包括青海、西藏全部，四川西部，云南西北部，新疆南部昆仑山区和帕米尔高原等。

自然带反映我国植物分布的总体概况。如果将地球表面当作地球的皮肤的话，那么自然带则为其肤色，而植物的地域性则为其脸部特征了。

荔枝是典型的亚热带果树，对气候的反应特别敏感。温度、降雨、光照、风等气候条件影响着荔枝的分布、生长、发育、开花、结果。荔枝对温度适应较小，要求年平均气温在 20 ～ 25 ℃，−4 ℃以下荔枝将会受冻致死，−2 ℃以下荔枝会遭受冻害，0 ～ 3 ℃枝叶将会遭受不同程度的伤害。所以，在我国，荔枝只生长在南方亚热带地区，如广东、广西、福建、四川、云南等地。而且，它的保鲜期短，一日色变，二日香变，三日色香味全失，不便于储运。中唐李肇《唐国史补》中记载："杨贵妃生于蜀，好食荔枝。南海所产，尤胜蜀者，故每岁飞驰以进，然方暑而熟，经宿则败，后人皆不知之。"唐玄宗为博美人一笑不惜劳民伤财，用快马日夜不停地运送南海（今广东）的荔枝到长安（今西安）。杜牧是咏史高手，他把对这件类似"烽火戏诸侯"历史事件的感叹写进了《过华清宫绝句》：

过华清宫绝句

[唐] 杜 牧

长安回望绣成堆，山顶千门次第开。

一骑红尘妃子笑，无人知是荔枝来。

广东"妃子笑"荔枝　潘柱／摄

广东有一荔枝品种叫"妃子笑"，就是由此得名的。该品种为中早熟品种，果大、肉厚、色美、核小、味甜，品质优良。

不过，也有人认为杨贵妃所食荔枝来自重庆。如宋代罗大经《鹤林玉露》："唐明皇时，一骑红尘妃子笑，谓泸戎产也，故杜子美有'忆向泸戎摘荔枝'之句。"又如南宋谢枋得《唐诗绝句注解》："明皇天宝间，涪州贡荔枝，到长安，色香不变，贵妃乃喜。州县以邮传疾走称上意，人马僵毙，相望于道。"涪州即重庆涪陵。

由于植物生长的地域性，在交通不发达，也没有先进保鲜技术的古代，想吃上"时鲜果蔬"还真不容易。宋代大文豪苏东坡不但诗文书画均有很高的造诣，而且应该也是个美食家吧，不然怎么会有色香味俱佳，想之令人垂涎欲滴的"东坡肉"？又怎么会有《惠州一绝》？

惠州一绝

[宋] 苏　轼

罗浮山下四时春，卢橘杨梅次第新。

日啖荔枝三百颗，不辞长作岭南人。

《惠州一绝》是苏轼谪居广东惠州时所作，罗浮山在广东惠州博罗县境内。"日啖荔枝三百颗，不辞长作岭南人"两句，体现了苏轼旷达开朗的性格，也与他作为"美食家"的身份相符。不知为什么，读到这两句时，东坡居士在我心中不再是那个侃侃而谈的文豪与智者形象，反而很像《射雕英雄传》中那个憨态可掬的"老顽童"周伯通。

谈了南方的红豆、荔枝，我们接下来谈谈西域精神的象征——胡杨。

西域是汉代以来对玉门关、阳关以西地区的总称，狭义专指我国新疆境内的天山南北路，也就是葱岭（帕米尔高原）以东、甘肃敦煌以西地区，广义则是凡通过狭义西域所能到达的地区，亚洲中、西部，印度半岛，欧洲东部和非洲北部也都包括在内，后亦泛指我国西部地区。

胡杨，又称胡桐，杨柳科落叶乔木，为荒漠地区所特有。在我国，新疆、内蒙古、甘肃、陕西和宁夏等地均有生长。据统计，世界上的胡杨绝大部分生长在我国，而我国 90% 以上的胡杨又生长在新疆的塔里木河流域。新疆是我国盐碱地面积最多、分布范围最广的地区。这是在其干旱荒漠气候条件下，加之受封闭的地形、地貌、水文地质条件、含盐母质和盐生植被等自然因素的影响，地下径流和盐分出路不畅，土壤和地下水中的盐分不断向地表聚集而形成的。胡杨树高 15 ～ 30 米，根可以扎到地下 10 米深处吸收水分，并能从根部萌生幼苗，能忍受荒漠中的干旱，对盐碱也有极强的忍耐力，具有惊人的抗干旱、御风沙、耐盐碱的能力。

胡杨以其桀骜不驯的身姿和坚忍不拔的生命，彰显"生而千年不死，死而千年不倒，倒而千年不朽"的传奇，成为西域精神的象征。

胡杨 吴卫平/摄

气
候
篇

1842 年，林则徐因禁烟抗英无辜戴罪，流放新疆时写下《回疆竹枝词三十首》：

回疆竹枝词三十首（其二十四）

[清]林则徐

树窝随处产胡桐，天与严寒作火烘。

务恰克中烧不尽，燎原野火入霄红。

"务恰克"是维吾尔语炉灶的音译。诗人对随处可见的胡杨进行了赞美，说它的枝干可以用于燃烧做饭，冬季则可用来取暖驱寒，旷野上还可以用胡杨点起篝火等。"树窝随处产胡桐"，说明清代时在新疆胡杨分布是很广的。但后来由于人类不合理的社会经济活动，我国胡杨林面积锐减。有幸的是，人们已从挫折中吸取了教训，开始了挽救胡杨林的行动，建立了胡杨林保护区，并已初见成效。如今，到新疆旅游的人，特别是摄影爱好者，有不少是奔胡杨林那奇妙的风景而去的。

动物分布的地域性

不单植物分布有地域性，动物的分布也有。西藏的"高原之舟"牦牛，沙漠地区的"沙漠之舟"骆驼，东北的东北虎，云南的大象，四川的大熊猫、金丝猴，长江中下游的白鳍豚等，基本都是当地所特有。

唐肃宗乾元二年（公元759年）春天，李白因永王璘案，流放夜郎（古县名，今湖南省怀化市新晃侗族自治县），取道四川赴贬地，行至白帝城遇赦，惊喜交加，乘舟东还江陵时乃作《早发白帝城》：

早发白帝城

[唐]李　白

朝辞白帝彩云间，千里江陵一日还。
两岸猿声啼不住，轻舟已过万重山。

诗的意思是：早晨才坐船离开彩云笼罩的白帝城，远在千里之外的江陵一日间就回来了。猿猴在岸上啼叫，轻舟在那重山急流中飞驶，早已飞快地穿过万重山了。诗仙李白从江流迅疾的速度着手，用夸张的手法，抒发了遇赦后轻松快活的心情，而此诗也被评为李白的"第一快诗"。白帝，即白帝城，故址在重庆市奉节县东白帝山。江陵，今湖北荆州市，在三峡下游。从白帝城到江陵，两地相距600多千米，而"两岸猿声啼不住"，足见当时长江一带猿猴之多。

猿猴和人类在动物分类学上同属于灵长日，对环境特别是对气候很敏感。猿猴喜暖怕冷，所以一般不跨入温带，绝大多数是林栖，只有少数生活在草原、灌木和岩穴地带。猿猴是果食性动物，只有在森林茂密、果实丰多的环境中才能繁衍生息，且山林中易于隐蔽，可免除人类的伤害。长江流域大部分属亚热带气候，温度适宜，且有高山峡谷、湖泊河

气候篇

流，林木茂盛，是猿猴很好的繁衍生息之地。至今，长江流域一带，尤其是中上游地区，还是我国猿猴主要栖息地，如国家一级保护动物金丝猴便主要生活在四川、云南、贵州一带。

同种植物的差异性

气候的不同，不但会造成植物分布的地域性，还会造成同种植物性状的差异性，即植物品质的不同。《晏子春秋·杂下之十》中写道："婴闻之，橘生淮南则为橘，生于淮北则为枳，叶徒相似，其实味不同。所以然者何？水土异也。"意思是说，橘生长在淮河以南就是橘，如果生长在淮河以北，则叫作枳，只是树叶相同罢了，味道相差很远。为什么这样呢？水土不同而已。所谓水土不同，大抵就是气候不同。

人们常说，一方山水养一方人，对植物又何尝不是这样呢？云南的普洱茶，新疆的葡萄、哈密瓜，吉林的人参，江苏的碧螺春茶，浙江的蚕桑，海南的椰子，两广的荔枝，西藏的藏红花、虫草，等等，都是在当地的气候条件下，生长出比其他地方品质更优，甚至是其他地方没有的产品。

葡萄最早产于西域，包括我国西北新疆天山南北地区以及中亚至地中海东岸。"苜蓿随天马，葡萄逐汉臣"（王维《送刘司直赴安西》），据专家考证，自汉张骞出使西域，引进大宛（今新疆库车县）葡萄品种，内地葡萄的种植才开始发展。"满架高撑紫络索，一枝斜亸金琅玕"（唐彦谦《咏葡萄》），到唐代，我国劳动人民已经总结出一套完整的葡萄

吐鲁番的葡萄熟了　蒋国华／摄

生产技术，葡萄的种植面积和地域扩大了，栽培技术得到了有效的推广。现在，葡萄在我国大部分地方均有栽种。

"克里木参军去到边哨，临行时种下了一棵葡萄。果园的姑娘呦，阿娜尔汗精心地培育这绿色的小苗……吐鲁番的葡萄熟了，阿娜尔汗的心儿醉了……"听着这首新疆民歌《吐鲁番的葡萄熟了》，怎不叫人想起吐鲁番那晶莹剔透、甜嫩多汁、果肉柔软的各色葡萄？

吐鲁番盆地种植葡萄已有2000多年的历史，葡萄品种很多，其中，最著名的是无核白葡萄、硕大的马乳葡萄和以药用为主的琐琐葡萄，此外还有红葡萄、黑葡萄以及从国外引进的无核紫、无核红、玫瑰香等，是名副其实的"葡萄博览馆"。吐鲁番葡萄得以广泛种植，且葡萄的品质上乘，得益于其特殊的气候条件。

吐鲁番地区位于新疆的中部，距离乌鲁木齐市约200千米，属于暖温带干旱荒漠气候。吐鲁番年平均降水量不到20毫米，但蒸发量却近3000毫米；年日照时数3000小时以上；昼夜温差大，特别是春秋两季，温差更加明显，早晚和中午，俨然两个季节；是我国夏季气温最高的地方，6—8月平均气温为35～37℃，极端最高气温达49.6℃。吐鲁番这种干旱少雨、光照充足、昼夜温差大、夏季气温高的气候条件，为葡萄这种暖温带喜温植物提供了理想的生长环境。据检测，吐鲁番葡萄的含糖量高达22%～26%，超过以含糖量高著称的美国加利福尼亚葡萄（含糖量约为20%），为世界上最甜的葡萄。

葡萄除了鲜食、晾制成葡萄干以外，还可以酿酒。

凉州词

[唐]王 翰

葡萄美酒夜光杯，欲饮琵琶马上催。

醉卧沙场君莫笑，古来征战几人回？

王翰这首《凉州曲》描写了边塞上即将出征的将士们开怀痛饮、尽情酣醉的场面。全诗情绪奔放，给人一种激动和向往的艺术魅力，代表了盛唐边塞诗的特色，千百年来，一直为人们所传诵。"醉卧沙场君莫笑，古来征战几人回"，豪迈中带着悲凉，洒泪时带着笑语，摄人心魄。诗中的酒，就是西域盛产的葡萄美酒；杯，相传是周穆王时代，西胡以白玉精制成的酒杯，有如"光明夜照"，故称"夜光杯"；乐器则是胡人用的琵琶。

唐代，在京城长安林立的酒肆里已有西域的葡萄美酒出售。

少年行（其二）

[唐]李 白

五陵年少金市东，银鞍白马度春风。

落花踏尽游何处，笑入胡姬酒肆中。

长安阔少在繁华市场的东部游玩，骑着配有银色马鞍的白马得意扬扬。马蹄踏遍长安的落花不曾停歇，他究竟是去哪儿呢？他笑着走进了

沙漠中的驼队　吴卫平／摄

异族歌姬的酒坊中。该诗塑造了一个豪爽倜傥的少年形象，其青春活力直透纸背。

　　李白喜酒，"烹羊宰牛且为乐，会须一饮三百杯"（李白《将进酒》），"但使主人能醉客，不知何处是他乡"（李白《客中行》），"李白斗酒诗百篇，长安市上酒家眠"（杜甫《饮中八仙歌》）。或许，《少年行（其二）》这首诗是诗人对自己年轻时候的一种回忆？

　　至于相同种属的动物，其差异性似乎不如植物那般明显，应该是因为动物能自由活动，适应气候的能力相对较强的缘故。

　　古代贸易多为以物换物，"丝绸之路"以及"茶马古道"或许可以当作动植物的地域性和差异性的有力例证吧。

律回岁晚冰霜少，春到人间草木知
——漫谈我国春季气候特征

立春偶成

[宋]张　栻

律回岁晚冰霜少，春到人间草木知。

便觉眼前生意满，东风吹水绿参差。

这首《立春偶成》是南宋著名理学家、教育家张栻在立春日的感怀之作。立春（公历2月3—5日交节）是二十四节气中的第一个节气，古代以此作为春季的开始。诗的大意是：立春时节，天气渐渐转暖，冰冻霜雪虽然还有，但已很少了。春天的到来，草木都知道了；眼前一派绿色，充满了春天的勃勃生机，一阵东风吹来，春水碧波荡漾。每每吟诵着这样的诗句，便会拨动我们的心弦，心中便也春意盎然了。

气温逐渐回升

气温逐渐回升，是我国春季主要气候特征之一。春季气温回升，一是因为春季北半球开始倾向太阳，受到越来越多的太阳光直射；二是因

探春　吴卫平／摄

为冷空气势力渐渐减弱，暖空气势力渐渐增强。我国幅员辽阔，地形地貌复杂，各地入春时间不一，春季长短不一。下面以我国东部地区入春时间先后为例，结合相关节气，简单描述一下我国春季气温回升的基本情况。

立春是表示春季开始的节气，"正月节，立，建始也"（《月令七十二候集解》）。然而，按四季划分气象学标准（气象学将连续5天平均气温稳定在10℃以上作为春季开始），立春期间，真正入春的仅仅为我国南方无冬区，对于我国大部分地方来说，只是春季到来的前奏。"宦情羁思共凄凄，春半如秋意转迷。山城过雨百花尽，榕叶满庭莺乱啼"（柳宗元《柳州二月榕叶落尽偶题》），柳州地处广西中北部，南岭以南，属中亚热带季风气候，春季常绿乔木榕树开始换叶，以致庭院中落叶满地，景致与北方地区秋季颇有相似之处。

雨水（公历2月18—20日交节）是反映降水现象的节气，"东风既解冻，则散而为雨矣"（《月令七十二候集解》），降雪渐少，

气候篇

《杨柳舞春风》 陈树人（近代）/绘

《桃潭浴鸭图》 华嵒（清）/绘

雨量逐步增多，万物开始萌动，春天就要到了。雨水节气期间，春天的脚步一直在岭南一带徘徊，无力北上。

惊蛰（公历3月5—7日交节）意味着天气转暖，渐有春雷，冬眠的动物开始苏醒。惊蛰期间，南方暖湿气团开始活跃，气温回升较前期加快，"春风一夜到衡阳"（王恭《春雁》），春风越过南岭，到达湖南、江西和浙江三省南部地区。

春分（公历3月20—22日交节）表示春季平分，昼夜等长，寒暑均分。春分前后，"春风又绿江南岸"（王安石《泊船瓜洲》），春风吹至长江中下游地区。

清明（公历4月4—6日交节）乃清洁明净之意，"万物生长此时，皆清洁而明净。故谓之清明"（《岁时百问》）。清明前后，"梅吐旧英，柳摇新绿"（秦观《风流子·东风吹碧草》），春风送暖至华北平原的最北部京津地区。

谷雨（公历 4 月 19—21 日交节）是春季最后一个节气，源自"雨生百谷"之说，表示这个时期的降水对农作物的生长极为重要。谷雨前后，我国东北的南部地区开始春回大地。但要到小满节气（公历 5 月 20 日或 21 日）前后，春天的脚步才能来到我国最北的黑龙江省北部无夏区。从上述可以看出，我国东部地区南北入春先后相差近 4 个月，最北地区入春之时，南方无冬区早已进入夏季了。

我国春季冷暖多变。春季是冬季与夏季的过渡季节，冷暖空气势力相当，而且都很活跃，气温升降骤然，幅度也大，如过山车一般。这种冷暖骤变的天气，最具代表性的是"倒春寒"。春季后期，因冷空气的侵入，使已经升高的气温明显降低，对农作物造成危害，这种前暖后寒的天气被称为"倒春寒"。"倒春寒"的一般标准为：日平均气温小于或等于 12 ℃，维持期大于或等于 3 天，不利于秧苗生长。我国各地春耕春播时间差异大，"倒春寒"的时段与强度指标也稍有不同。

绝 句

[宋] 吴 涛

游子春衫已试单，桃花飞尽野梅酸。

怪来一夜蛙声歇，又作东风十日寒。

暮春时节，天气暖和，人们已经穿起单衣，桃花凋谢，落红遍地，野梅结出了酸溜溜的梅子，田野里已经响起蛙声，可是突然间，蛙声却没有了。乍暖忽寒，蛙声消匿，说明这是一次冷空气影响下的"倒春寒"。

"倒春寒"不利于农作物生长，如果降温伴随着阴雨，危害更大。在南方，"倒春寒"最主要的影响是早稻烂秧，在北方会影响到花生、蔬菜、棉花的生长，严重的还会造成小麦的死苗现象。

另外，"倒春寒"与我国春季南方常发生的低温阴雨不同，也与初春冷空气影响下的低温寒冷不同。低温阴雨是指初春接连几天甚至经月阴雨连绵、阳光寡照的寒冷天气。初春的低温寒冷与"倒春寒"出现的时间段不同，对农作物生长、农业生产的影响远没有"倒春寒"那么大。

降水增多

我国属于大陆性季风气候，夏季盛行西南季风和东南季风，冬季盛行东北季风。春季是由寒冷干燥的冬季风过渡为温暖湿润的夏季风的时期，冬季风势力减弱，夏季风开始活跃并逐步向北扩展，温度逐渐回升，大气层结（指大气中温度、湿度等要素随高度的分布状况，可以利用探空仪器测得）渐趋不稳定，降水开始增多。据统计，就全国大范围而言，春季降水量约占全年的 20% 左右，较冬季（约占 10%）明显增加。

春季的雨，随着春天的脚步，有一个由小到大、由轻柔到猛烈的过程。"微雨夜来歇，江南春色回"（刘长卿《早春》），"沾衣欲湿杏花雨，吹面不寒杨柳风"（释志南《绝句》），早春时节的雨，多为蒙蒙细雨，似雨若雾，似有若无。时至暮春，"急雨收春，斜风约水"（贺铸《踏莎行·急雨收春》），"雨横风狂三月暮，门掩黄昏，无计留春住"（欧阳修《蝶恋花·庭院深深深几许》），则常会出现急雨狂风，降雨强度明显增大。

油菜花　蒋国华/摄

"一春略无十日晴，处处浮云将雨行"（汪藻《春日》），相比冬季，春季雨日也明显增多。比如，南京市多年平均冬季（这里指 12 月至次年 2 月）雨日为 23 天，春季（这里指 3 月至 5 月）为 33 天，增加了 10 天，增幅达 43%；北京市冬季（同上）雨日才 6 天，春季（同上）则增加至 13 天，增幅达 117%。而同时期的雨量，南京由 108.9 毫米增加至 366.2 毫米，北京由 10.4 毫米增加至 63.7 毫米。

"春水满四泽"（陶渊明《四时》），"舍南舍北皆春水"（杜甫《客至》），春季降水增多，北方加上冰雪融化，田野水泽、房前屋后处处春水潺潺。因春雨的滋润，"桃花春水渌，水上鸳鸯浴"（韦庄《菩萨蛮·洛阳城里春光好》），"有桃花红，李花白，菜花黄"（秦观《行香子·树绕村庄》），一切都那么生机勃勃。描写"春水"的诗词很多，如"试上超然台上看，半壕春水一城花"（苏轼《望江南·超然台作》），"日出江花红胜火，春来江水绿如蓝"（白居易《忆江南·江南好》），而我最喜欢的是范成大的《蝶恋花·春涨一篙添水面》：

蝶恋花·春涨一篙添水面

[宋]范成大

春涨一篙添水面。芳草鹅儿，绿满微风岸。画舫夷犹湾百转。横塘塔近依前远。

江国多寒农事晚。村北村南，谷雨才耕遍。秀麦连冈桑叶贱。看看尝面收新茧。

蝶恋花 吴卫平/摄

　　此词是范成大退居石湖期间所作，写的是苏州附近的田园风光，描绘出一幅清新、明净的江南水乡春景，散发着浓郁而恬美的农家生活气息，展现出乡村的淳朴、宁静、和谐，读之令人心醉。或许是因为我生长在江南水乡农村的缘故，词中的场景对我来说是如此熟悉，感觉是如此亲近，勾起我许多温馨美好的回忆。

　　另外，我国春季降水的区域差异较大。长江以南地区的雨量迅速增加，北方大部分地区降水虽有增加，但总量一般仍较少，仍属干旱少雨的状态。我国华北地区春旱较为严重，有十年九旱之说，旱灾频次居全

春雨如膏　禹东晖／摄

国之首。春雨占全年降水量的10%～15%，有的地方少于10%。如果秋、冬两季的降雨很少，进入春季气温回升快，大风天气多、蒸发强烈，往往易形成秋、冬、春三季连旱，造成"雨悭禾未种，土渴麦难抽"（于谦《春愁》）的局面。"芃芃黍苗，阴雨膏之"（《诗经·黍苗》），春季是我国北方冬小麦返青至乳熟期，玉米、棉花等播种成苗，都需要充足的水分，若此时能有降雨，自然显得特别宝贵，故黄河以北有"春雨贵如油"之说。

北方多沙尘天气

我国北方春季多沙尘天气，古代文学作品常有提及，如"洛阳三月飞胡沙"（李白《扶风豪士歌》），"冻风时作，作则飞沙走砾"（袁宏道《满井游记》）等。

沙尘天气是沙尘暴、扬沙和浮尘天气的统称，它是一种由大风将地面沙尘吹（卷）起，或被高空气流带到下游地区而造成的一种大气混浊现象。气象上，沙尘天气分为浮尘、扬沙、沙尘暴、强沙尘暴和特强沙尘暴五类。简单来说，沙尘天气产生必须满足三个条件，即：沙尘源、大风、不稳定的大气层结。沙尘源是物质基础，强风是动力，不稳定的热力条件利于强对流发展，风力加大，从而夹带更多的沙尘，并卷扬到较高的高度。

度破讷沙（其一）

[唐]李 益

眼见风来沙旋移，经年不省草生时。
莫言塞北无春到，总有春来何处知。

沙尘随风气势汹汹地旋转着移动，这些流沙所至的地方，怕是永远不会有草木生长了吧。不能说塞北没有春天到来，但由于遍地风沙，不见青草，就是春天到了，一切没有变化，又从哪里感受春天呢？

黄沙漫天　赵戈／摄

　　"破讷沙"为库布其沙漠之古称，亦作"普纳沙""库结沙"。"库布其"为蒙古语，意思是弓上的弦，因为它处在黄河下，像一根挂在黄河上的弦，因此得名。库布其沙漠是我国第七大沙漠，位于鄂尔多斯高原脊线的北部，内蒙古自治区鄂尔多斯市杭锦旗、达拉特旗和准格尔旗的部分地区，总面积约 145 万公顷，以流动、半流动沙丘为主。库布其沙漠气候类型属于中温带干旱、半干旱区，气温高、昼夜温差大，气候干燥，多大风天气。库布其沙漠是中国北方沙尘暴源头之一。

那么，为什么沙尘天气多发生于春季呢？春季正处于大气环流调整期，冷暖空气活动频繁，故而多大风天气。其次，我国北方地区春季干旱少雨，加上气温回升，蒸发量大，以致"桑条无叶土生烟"（李约《观祈雨》），为沙尘天气提供了很好的沙尘源。另外，与冬季受强烈的西北气流控制大气层结稳定不同的是，春季热力条件不稳定，在晴朗天气下，太阳辐射强烈，中午前后近地面气层受热，十分有利于空气对流发展和上下动量和能量的交换，使大气中带起的沙尘粒子，卷扬得更高，传播得更快。若遇上冷暖气团交绥的锋面过境，锋区附近强烈的抬升作用，加上气层的热力抬升作用，很容易形成强沙尘暴天气。

来去匆匆的春季

我国春季来去匆匆，甚至给人以稍纵即逝的感觉。四季中，春季只比秋季稍长一点。例如南京市，气象意义的春季只有 65 天，只比秋季多 3 天。

我国春天来得急速。"东风吹散梅梢雪，一夜挽回天下春"（白玉蟾《立春》），"一夜东风起，万山春色归"（刘威《早春》），春天似乎一夜之间便回到了人间。我国春季去得也很倏忽。"连雨不知春去，一晴方觉夏深"（范成大《喜晴》），"鹅鸭不知春去尽，争随流水趁桃花"（晁冲之《春日》），不经意间，春天已然过去，夏天已悄然来临。

春季来去匆匆的特点在植被的变化上有很明显的反映，比如小草和杨柳。这方面，古诗词有非常细腻生动的描写。"天街小雨润如酥，草色遥看近却无"（韩愈《早春呈水部张十八员外》），早春时节，蒙蒙春雨中，嫩黄稀疏的小草远看似有近看却无；"弄日鹅黄袅袅垂"（王

红深绿浅　吴卫平／摄

安石《南浦》），阳光下，杨柳柔美地垂在岸边，新长出来的嫩芽，其色嫩黄。此时的小草实为草心，柳芽则称"柳眼"，最富生机。"浅草才能没马蹄"（白居易《钱塘湖春行》），很快，小草由嫩黄转为嫩绿，且成簇成片，因为尚浅，所以才刚刚能够遮没马蹄；"拂堤杨柳醉春烟"（高鼎《村居》），杨柳嫩芽很快长大张开，嫩黄转为嫩绿，色泽鲜亮，枝条柔嫩轻盈，迎风漫舞，身姿婆娑，融于春烟之中。此时段春光明媚，最富春意。"满地残阳，翠色和烟老"（梅尧臣《苏幕遮·草》），时至暮春，已是"萋萋无数，南北东西路"（林逋《点绛唇·金谷年年》）了，且已转为青绿，傍晚时分，暮霭沉沉，那春草也似乎显得有点苍老了；

《南溪春晓图》 马元驭（清）/绘

气候篇

杨柳依依　佚名／摄

　　"犹自风前飘柳絮，随春且看归何处"（朱淑真《蝶恋花·送春》），
柳叶也已转作深青，枝繁叶茂，纷飞的柳絮，随着春天一起归去。此时
已至春夏之交，春季即将结束。个人观察，在岳阳，以上小草、杨柳的
变化过程，前后大约只有一个半月时间，何其短促！

惜春　吴卫平/摄

　　不单小草、杨柳，那"二十四番花信"，不也是春季来去匆匆的缩影么？"小楼一夜听春雨，深巷明朝卖杏花"（陆游《临安春雨初霁》），一夜风雨，春意遂浓。"知否，知否？应是绿肥红瘦"（李清照《如梦令·昨夜雨疏风骤》），一夜风雨，春光渐老。这花开花落，看似风雨

之力，实则节令之功啊。难怪李煜有"林花谢了春红，太匆匆"（《相见欢·林花谢了春红》）之忧伤，欧阳修有"昨日红芳今绿树"（《定风波·对酒追欢莫负春》）之慨叹，王观则劝好友"若到江南赶上春，千万和春住"（《卜算子·送鲍浩然之浙东》），希望拖住春天的尾巴。

春天多么美好！春天里，春风化雨，万物复苏，桃红柳绿，鸟语花香……春天是一个生机勃勃的季节，是一个放飞希望的季节。然而，春天却又多么短促。"流光容易把人抛，红了樱桃，绿了芭蕉"（蒋捷《一剪梅·舟过吴江》），春光易逝，使人追赶不上，樱桃才红熟，芭蕉又绿了，春天悄然过去，夏天已经来临。然而，人海中的你我，又有多少时间驻足感受这春天的气息，又辜负了多少明媚的春光？

纷纷红紫已成尘，布谷声中夏令新
——漫谈我国夏季气候特征

初夏绝句

[宋]陆　游

纷纷红紫已成尘，布谷声中夏令新。

夹路桑麻行不尽，始知身是太平人。

　　这首《初夏绝句》是宋代诗人陆游的作品。"纷纷红紫已成尘，布谷声中夏令新"的意思是，春天开放的大红大紫的花朵都已化作尘埃了，在布谷鸟的叫声中，夏天到来了。我的家乡在湖南岳阳，记得小时候，每当听到布谷鸟鸣叫声的时候，也正是蚕豆成熟的时候，夏天就到了。布谷鸟是候鸟，因其叫声似"布谷""布谷"而得名。蚕豆可以生吃、煮着吃、炒着吃，炒着吃的居多，是小时候的零食。

高温炎热

　　高温炎热是我国夏季气候主要特征之一。"槐柳阴初密，帘栊暑尚微"（陆游《立夏》），"深居俯夹城，春去夏犹清"（李商隐《晚晴》），

"秦中花鸟已应阑，塞外风沙犹自寒"（王翰《凉州词其二》），立夏（公历 5 月 5—7 日交节）期间，我国除了南岭以南地区外，天气并不炎热，有些地方还比较清凉，北方部分地方甚至还有点冷。随着时间的推移，温度一步步升高，到夏至（公历 6 月 21—23 日交节）天气已经比较炎热，小暑（公历 7 月 6—8 日交节）后进入盛夏，至大暑（公历 7 月 22—24 日交节）而达一年中最热的时段，除了青藏高原、天山等地势较高以及我国东北偏北纬度较高的地方外，我国大部分地方都会出

湖南岳阳团湖荷花公园　蒋国华／摄

现高温炎热天气，最高气温可达35 ℃以上，部分甚至超过40 ℃，这时，人们才真正感受到夏季的酷热。

　　全国普遍高温，南北温差不大，这是我国夏季气温分布的地理特征，与其他三个季节，尤其是冬季，有很大的不同。这是因为，夏季阳光直射北半球，我国各地获得的太阳光热普遍增多，而北方纬度较高，白昼较南方长，获得的光热相对更多，减小了南北温度的差异。不过，从气象意义上的四季划分来看，时间分配上，我国南方夏季长，北纬25°

沙漠中的凉棚　蒋国华 / 摄

以南的大部分地方甚至长夏无冬，而北方夏季短，部分地方甚至长冬无夏。例如，广州自 4 月 16 日便进入了夏季，到 10 月 29 日才结束，前后维持约六个半月，并且没有冬季；乌鲁木齐 6 月 16 日才进入夏季，8 月 16 日便匆匆进入秋季，前后只有两个月。

虽然同为高温炎热，但是在我国季风区与非季风区的感觉是完全不同的，大体而言，季风区的热是潮湿闷热，非季风区的热则是干燥酷热。

对于潮湿闷热的盛夏天气，古人有很多形象的描述："自从五月困暑湿，如坐深甑遭蒸炊"（韩愈《郑群赠簟》），"大热早复暮，幽居如火围"（文同《大热》），"日轮当午凝不去，万国如在洪炉中"（王毂《苦热行》）。在诗人眼中，高温天气是"深甑""火围""洪炉"，人身处"甑""窑""炉"中，当然是"欲动身先汗如雨"（张来《劳歌》），"挥汗讶成流"（司空曙《苦热》），"头痛汗盈巾"（白居易《苦热》），甚至"对食不能餐"（杜甫《夏日叹》）了，真是苦不堪言。

新疆地处西北内陆，夏季干燥酷热，有气象观测资料记录以来我国最高气温极值便出现在新疆吐鲁番，达 49.6 ℃！唐代著名边塞诗人岑参曾两次出塞，在西域生活多年，对新疆的酷热有过非常生动传神的描写，如"火山五月火云厚"（《火山云歌送别》），"火山五月人行少"（《武威送刘判官赴碛西行军》），又如《送李副使赴碛西官军》：

送李副使赴碛西官军

［唐］岑 参

火山六月应更热，赤亭道口行人绝。

知君惯度祁连城，岂能愁见轮台月。

脱鞍暂入酒家垆，送君万里西击胡。

功名只向马上取，真是英雄一丈夫。

这首诗作于唐玄宗天宝十载（公元751年）六月。当时，高仙芝正在安西率师西征，李副使因公从姑臧（今甘肃武威）出发赶赴碛西军中，岑参作此诗送别。全诗既不写惜别的深情，也不写边塞的艰苦，而是热情鼓励友人赴军中参战，字里行间使人感到一股激情在荡漾，显示出一种盛唐的豪迈气概。"火山六月应更热，赤亭道口行人绝"，意思是说，六月的火焰山更为灼热，赤亭道口怕是没什么行人经过了。

碛西即安西都护府，治所在今新疆库车附近。诗中的火山又名火焰山，在今新疆吐鲁番鄯善县境内，因其山体由红色的砂岩和页岩组成，富含铁矿，每当盛夏，在炽热的阳光照耀下，山体红光闪耀，热焰蒸腾，就像燃烧着熊熊烈火一样，故得其名。《西游记》中孙悟空向铁扇公主借芭蕉扇想扇灭火焰山的熊熊大火虽属虚构，但唐代高僧玄奘西行取经从吐鲁番盆地经过却是事实，火焰山则可能是小说家吴承恩创作灵感的来源。火焰山现在已经被开发成为旅游景点，我曾于某年盛夏慕名

新疆火焰山 蒋国华／摄

游览，当时已是下午6点多，但竖立的巨型温度计显示，地面温度居然
还有47.5 ℃，其酷热可想而知。不过，因为空气相对干燥，所以虽然
也汗流浃背，但并无在长江中下游地区或者华南时那种黏糊糊的感觉，
而且只要待在阴凉处，便立刻觉得不十分炎热了。

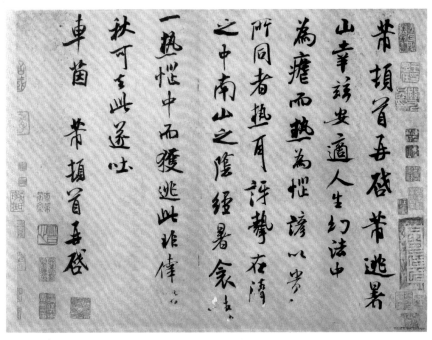

《逃暑帖》 米芾（北宋）/书

　　气象上，将日最高气温大于或等于35 ℃的天气称为高温天气。高温对人们日常生活、身心健康和工农业生产、交通安全有严重影响，持续高温会引发大面积干旱，对供电、供水造成极大压力，威胁人们的生命及能源、水资源和粮食安全，是灾害性天气之一。有研究指出，当气温达到35 ℃以上时，人体的调节功能大减，容易出现疲劳、烦躁等。

外界气温过高，会导致人体内部代谢失衡，易发生"高温病"，如中暑等，严重的会导致死亡。唐代宗李豫大历元年（公元 766 年），旅居夔州（今四川奉节）的杜甫特意登门拜访从华阳（今四川成都）到夔州作客的柳少府，作《贻华阴柳少府》相赠，其中有"南方六七月，出入异中原。老少多暍死，汗逾水浆翻"四句，说两人见面时正值南方高温大旱，不分男女老少，很多人因中暑而死。

在没有电扇、空调的古代，人们的主要消暑方式有纳凉、吃瓜果、喝凉茶等。

纳 凉

[宋] 秦 观

携扙来追柳外凉，画桥南畔倚胡床。
月明船笛参差起，风定池莲自在香。

胡床，即交椅，可躺可卧。在一个溽热难耐的晚上，诗人携杖出门，在画桥南畔，绿柳成行之处，寻觅到一个纳凉的好去处。月明之时，船上的笛声参差而起；晚风初定，池塘中莲花散发着阵阵清香。这样的环境，确为消暑胜处，焉能不心旷神怡，气定神闲？

夏荷　吴卫平／摄

气候篇

忆王孙·夏词

[宋] 李重元

　　风蒲猎猎小池塘，过雨荷花满院香，沈李浮瓜冰雪凉。竹方床，针线慵拈午梦长。

　　小池塘里，风中的水草猎猎有声，雨后的荷花散发出沁人的芬芳，使得满院都是荷花的香味。炎热的夏季，难得的雨后清爽。用井水浸泡过的李子和瓜果，真像冰雪一样凉啊！竹制的方床上，谁还有心思拿针线做女红呢？美美地睡上一个午觉，应该是很惬意的事情啊！"沈李浮瓜"亦作"浮瓜沉李"，谓天热把瓜果用冷水浸后食用。

　　此外，古人还特别喜欢到山中寺院避暑。山中树木葱茏，遮天蔽日，且因气温随垂直高度递减，较山下凉爽得多。另外，山寺清幽，远离尘嚣，使人心态自然、平和，"心静自然凉"。白居易《苦热题恒寂师禅室》云："人人避暑走如狂，独有禅师不出房。可是禅房无热到，但能心静即身凉"，即是此意。

　　"何以消烦暑，端坐一院中"（白居易《消暑》）。小时候，盛夏的晚上，如果天气晴好，家里人往往要一起纳凉。满天的繁星下，白天的暑气已有所减退，将竹席和几把椅子搬至院子中间，或卧或坐，听爸爸妈妈讲过去的事情，喝着爷爷用车前草、茅草根等煲的凉茶，吃着自家种的西瓜、香瓜等，实在是一天中最惬意的时光。

光照足，热量大

"君看百谷秋，亦自暑中结"（戴复古《大热五首（其一）》），高温酷暑虽然难耐，但是夏季充足的光照和适宜的温度，给植物提供了所需的热量条件，是许多农作物旺盛生长的最好季节。也许正因如此，夏季六个节气中，小满、芒种两个节气都是与农业物候现象相关的。

小满是夏季的第二个节气，每年公历的 5 月 20 日、21 日或 22 日入节。《月令七十二候集解》曰："四月中，小满者，物致于此小得盈满。"这时我国北方地区麦类等夏熟作物籽粒已开始灌浆饱满，但还没有完全成熟，所以叫小满。

五绝·小满

[宋] 欧阳修

夜莺啼绿柳，皓月醒长空。
最爱垄头麦，迎风笑落红。

这是一首描写小满节气时的风景诗，描绘了初夏时节绿柳夜莺、长空皓月，麦子茁壮成长的景色。

小满过后是芒种，每年公历的 6 月 6 日或 7 日入节。芒种的字面意思是"有芒的麦子快收，有芒的稻子可种"。对于我国大部分地区来

小麦小满　王修筑／摄

说，芒种一到，冬小麦、蚕豆、豌豆等夏熟作物要收获，晚稻、黍、稷等夏播秋收作物要播种，春种的庄稼如早稻要管理，"收、种、管"交叉，农业生产进入最为繁忙的时期。

　　小麦抗寒耐旱能力极强，以播种期分为冬小麦和春小麦两种，以长城为界，以北大体为春小麦，以南则为冬小麦。冬小麦是在秋天播种，春末夏初收割。小麦成熟期短，收获的时间性强，必须抓紧一切有利时机收割，实现颗粒归仓。

观刈麦

[唐] 白居易

田家少闲月，五月人倍忙。

夜来南风起，小麦覆陇黄。

妇姑荷箪食，童稚携壶浆。

相随饷田去，丁壮在南冈。

足蒸暑土气，背灼炎天光。

力尽不知热，但惜夏日长。

复有贫妇人，抱子在其旁。

右手秉遗穗，左臂悬敝筐。

听其相顾言，闻者为悲伤。

家田输税尽，拾此充饥肠。

今我何功德，曾不事农桑。

吏禄三百石，岁晏有余粮。

念此私自愧，尽日不能忘。

　　刈麦即收割麦子。这首《观刈麦》是诗人早期一首著名讽谕诗，大约作于唐宪宗元和元年（公元805年）至元和二年（公元806年）间，白居易当时任陕西盩厔（今陕西省周至县）县尉。此诗描写了五月（农

历）麦收时节的农忙景象，对造成人民贫困之源的繁重租税提出指责，表达了对穷苦百姓的深切同情。

我没有收割过麦子，但是收割过水稻，对"足蒸暑土气，背灼炎天光，力尽不知热，但惜夏日长"有着切身感受，其辛苦不可言状。

冬小麦收割期间，正值早稻抽穗扬花、晚稻育秧时期，也正是中稻（又称一季稻、单季稻）插秧时期。

时 雨

[宋]陆 游

时雨及芒种，四野皆插秧。

家家麦饭美，处处菱歌长。

老我成惰农，永日付竹床。

衰发短不栉，爱此一雨凉。

庭木集奇声，架藤发幽香。

莺衣湿不去，劝我持一觞。

即今幸无事，际海皆农桑。

野老固不穷，击壤歌虞唐。

水稻原产我国，七八千年前我国长江流域就已经开始种植水稻。水稻喜高温、多湿，根据水稻播种期、生长期和成熟期的不同，又可分为早稻、中稻和晚稻三类。我国水稻主产区主要是东北地区、长江流域和珠江流域。

种植水稻要经过浸种、育秧、插秧（又称插田）、田间管理、收割、晒谷等程序。小时候从事田间劳动，觉得最有成就感的就是插秧了。一块块水田，在自己手下变成郁郁葱葱的稻田，竟有"退步原来是向前"（契此《播秧诗》）之感。当然，插秧也是最辛苦的农活之一，长时间低头弯腰劳作，一天下来，真是筋疲力尽。现在，插秧机或抛秧代替了过去的插秧，收割机代替了人工镰刀收割，大大减轻了人们的劳动强度，也大大提高了工作效率。

丰收的喜悦　佚名／摄

多雨

与高温一样，多雨也是我国夏季气候特征之一。我国属大陆性季风气候，夏季盛行西南季风和东南季风，而夏季风的活动，与我国各地的雨季有着密切关系。据统计，夏季是我国绝大部分地方降水量最多的季节，就全国大范围而言，约占全年的50%。而且，夏季是一年四季中天气变化最剧烈、最复杂的时期，暴雨、强对流等各种灾害性天气，多发生于夏季。从地域分布来看，我国东部季风区暴雨最频繁、最强烈。

暴　雨

[唐] 韦　庄

江村入夏多雷雨，晓作狂霖晚又晴。

波浪不知深几许，南湖今与北湖平。

该诗的前两句写夏天多雷雨，天气变化快，早上还是狂风暴雨，到晚上天又放晴；后两句描绘下雨时湖上波浪滔天，雨后南湖北湖水面持平。全诗突出地表现了夏天天气变化剧烈、降雨量大的特点。

夏季强降水频繁，有时还会出现连续性强降水。

农田被淹　林扬海／摄

夏五月方闵雨忽大风雨三日未止

［宋］陆　游

五月昼晦天欲雨，街中人面不相睹。

风声撼山翻怒涛，雨点飞空射强弩。

一雨三日姑可休，龙其玩珠归故湫。

千里连云庆多稼，牲肥酒香作秋社。

洪水滔滔　林扬海 / 摄

　　"风声撼山翻怒涛，雨点飞空射强弩"，意思是说，大风呼啸，山都好像要被它撼动了，又好像波涛在翻滚；雨点从天空飞速降落，就好像被强弩射下来一样。从诗题可以看出，这次强降水持续了三天时间，还没有停止的迹象。虽然这是一场及时雨，但如果持续时间太长，则可能引发灾害，所以诗人接着说："一雨三日姑可休，龙其玩珠归故湫"，希望降雨停止。

　　强降水尤其是持续性强降水，常常会造成洪涝、泥石流、山体滑坡等灾害，是我国主要的气象灾害之一。

洪涝灾害　林扬海／摄

五月二十一夜雨未止六昼夜水涨寇阻无人入城

［宋］方　回

昼夜雨滂沱，平畴变海河。

地如随水去，天岂厌人多。

讨叛犹输粟，攻坚未掩戈。

积阴凝杀气，玄造意如何。

　　该诗记述了一次连续性强降水导致的洪涝灾害。玄造即天意的意思。

　　"著物声虽暴，滋农润即长"（齐己《夏雨》），夏季多雨虽然容易致灾，却也为农作物生长提供了充足的水分。

气候篇

夏 雨

[唐] 王 驾

非惟消旱暑，且喜救生民。

天地如蒸湿，园林似却春。

洗风清枕簟，换夜失埃尘。

又作丰年望，田夫笑向人。

一场夏雨，不仅消除了旱暑，洗去了尘埃，浇绿了园林，而且还拯救了黎民百姓。"又作丰年望，田夫笑向人"，农夫笑脸向人，感到丰收有望。

夏天，虽然"大热曝万物，万物不可逃"（梅尧臣《和蔡仲谋苦热》），"雨来如决堤"（陆游《暴雨》），"蚊蚋成雷泽"（范灯《状江南·季夏》），但正是在高温多雨的夏天里，"漠漠水田飞白鹭，阴阴夏木啭黄鹂"（王维《积雨辋川庄作》），"麦随风里熟，梅逐雨中黄"（庾信《奉和夏日应令诗》），"花列千行彩袖，叶收万斛明珠"（吴龙翰《荷花》），有燕子双双，有蝉鸣阵阵，可以"稻花香里说丰年，听取蛙声一片"（辛弃疾《西江月·夜行黄沙道中》），可以"就其浅矣，泳之游之"（《诗经·国风·邶风·谷风》）……"人皆苦炎热，我爱夏日长"（苏轼《戏足柳公权联句》），我喜欢这样多姿多彩、生机勃勃、热情洋溢、自由奔放的夏天！

残暑蝉催尽，新秋雁戴来
——漫谈我国秋季气候特征

宴　散

[唐]白居易

小宴追凉散，平桥步月回。

笙歌归院落，灯火下楼台。

残暑蝉催尽，新秋雁戴来。

将何还睡兴，临卧举残杯。

这首《宴散》是白居易晚年在洛阳时的作品，记述了一次平常的家庭宴会结束后的情景。"残暑蝉催尽，新秋雁戴来"，暑热渐退，蝉的时日无多，鸣叫之声更切；新秋伊始，大雁结队南飞，带来秋的气息。诗人抓住这种时令和物候的变化特征，把夏去秋来的季节变换表达得十分富于诗意，称残暑是蝉鸣之声催促而尽，新秋季节是群雁引导而来。

气温逐渐下降

气温逐渐下降，是我国秋季主要气候特征之一。我国幅员辽阔，各

秋意浓　吴卫平／摄

地入秋时间不一，秋季长短不一，下面以我国东部地区入秋时间先后为例，结合相关节气，简单描述一下秋季气温下降的基本情况。

立秋（公历8月7—9日交节）是秋季的第一个节气，表示暑去凉来的意思，我国古代通常以此作为秋季的开始。然而，立秋节气前后，我国东部真正入秋的只有东北偏北地区，黄河中下游也只是略有秋意，而长江中下游、华南地区在副热带高压控制下，"三伏"尚未结束，"秋老虎"还要肆虐一段时间，天气依旧炎热。不过，虽然这些地方并未入秋，白天最高气温仍可能超过35℃，但是昼夜温差开始加大，早晚已略有凉意，这与夏季"夜热依然午热同"（杨万里《夏夜追凉》）的酷热相比，自然是不可同日而语。

立秋之后是处暑（公历8月22—24日交节），"处"是终止的意思，表示炎热即将过去，暑气将于这一天结束。处暑节气前后，"已落关东叶"（周贺《城中秋作》），我国东北地区全境入秋。

白露（公历9月7—9日交节）是反映气温变化的节令，"露从今夜白"（杜甫《月夜忆舍弟》），天气转凉，开始有露水出现。白露节气前后，金风送爽至华北平原。

秋分（公历9月22—24日交节）表示秋季平分，昼夜等长，"遥夜泛清瑟，西风生翠萝"（许浑《早秋三首（其一）》），秋分前后长江中下游北部地区入秋。

寒露（公历10月7—9日交节）的意思是气温比白露节气时更低，

露水快要凝结成霜了。"九江寒露夕，微浪北风生"（李群玉《桑落洲》），寒露节气前后，凉秋南下到达长沙、南昌、杭州一线。

霜降（公历 10 月 23—24 日交节）含有天气渐冷、初霜出现的意思，是秋季的最后一个节气，也意味着冬天即将开始。"秋菊迎霜序，春藤碍日辉"（宋之问《早入清远峡》），霜降节气前后，秋风才吹到岭南两广，但草木依然苍翠茂盛，与北方秋季风景迥然不同。

霜打青菜味道甜津津　黄菱芳／摄

两广沿海地区和海南岛北部则更要到立冬节气（公历 11 月 7—8 日交节）前后方感秋凉，海南岛南部则在大雪节气（公历 12 月 6—8 日交节）前后才夏去秋来，那时我国东北地区都已入冬约三个月，已是隆冬时节了。

　　秋季气温下降的原因，一是秋季北半球太阳高度角越来越低，地球表面获得的太阳热能渐渐减少，二是影响我国的北方冷空气开始活跃，频繁南下。我们感受比较直观的，应该还是冷空气影响下的降温。一次次冷空气南下，常常造成一次次降雨，并使温度一次次降低，所以民间有"一场秋雨一场凉""一场秋雨一场寒"之说。

处暑后风雨

［宋］仇　远

疾风驱急雨，残暑扫除空。
因识炎凉态，都来顷刻中。
纸窗嫌有隙，纨扇笑无功。
儿读秋声赋，令人忆醉翁。

　　"疾风驱急雨，残暑扫除空"的意思是：大风伴着大骤雨，将残暑一扫而空，天气霎时变得凉爽起来。处暑期间，虽然我国大部分地方尚未入秋，天气仍较炎热，但如果有冷空气南下并产生降水，则炎凉转换只在顷刻之中。"疾风""急雨"，温度变化大，都说明这是一次冷空气影响的结果。

古典诗词话气象

092

随着秋意渐浓，冷空气的强度也越来越强，引起的降温也不再是"一场秋雨一场凉"，而是"一场秋雨一场寒"了，而此时的雨则有一个诗意的名字——寒雨。

芙蓉楼送辛渐（其一）

[唐] 王昌龄

寒雨连江夜入吴，平明送客楚山孤。

洛阳亲友如相问，一片冰心在玉壶。

芙蓉楼原名西北楼，遗址在润州（今江苏镇江）西北，登临可以俯瞰长江，遥望江北。这首诗大约作于开元二十九年（公元741年）以后。王昌龄当时为江宁（今南京市）丞，辛渐是他的朋友，这次拟由润州渡江，取道扬州，北上洛阳。王昌龄可能陪他从江宁到润州，然后在此分手。

此诗构思新颖，景情交融，含蓄蕴藉，韵味无穷，是当时的"流行金曲"。唐玄宗开元年间，诗人王昌龄、高适、王之涣齐名，但都仕途不顺。一个下雪天，三位

《菊花红叶图》　陆达（清）/绘

诗人一起到酒楼赊酒小饮，忽然有梨园掌管乐曲的官员率十余子弟登楼宴饮。三位诗人回避，围着小火炉看她们表演节目。一会儿又有四位漂亮而妖媚的梨园女子登上楼来，随即乐曲奏起，演奏的都是当时的名曲。王昌龄三人私下约定："我们三人在诗坛上都算是有名的人物了，可是一直未能分个高低。今天算是个机会，可以悄悄地听这些歌女们唱歌，谁的诗入歌词多，谁就是最优秀的。"一位歌女首先唱道："寒雨连江夜入吴，平明送客楚山孤。洛阳亲友如相问，一片冰心在玉壶。"王昌龄便用手指在墙壁上画一道："我的一首绝句。"随后一歌女唱道："开箧泪沾臆，见君前日书。夜台何寂寞，犹是子云居。"高适也在墙壁上画一道："我的一首绝句。"又一歌女出场："奉帚平明金殿开，且将团扇共徘徊。玉颜不及寒鸦色，犹带昭阳日影来。"王昌龄又伸手画壁，说道："两首绝句。"王之涣自以为出名很久，可是歌女们竟然没有唱他的诗作，面子上似乎有点下不来，便对王昌龄和高适说："这几个唱曲的都不出名，所唱不过是'巴人下里'之类不入流的歌曲，那'阳春白雪'之类的高雅之曲，哪是她们唱得了的？！"于是指着几位歌女中最漂亮、最出色的一个说："到这个女子唱的时候，如果不是我的诗，我这辈子就不和你们争高下了；果然是唱我的诗的话，二位就拜倒于座前，尊我为师好了。"三位诗人说笑着等待着。一会儿，轮到那个梳着双髻的漂亮姑娘了，只见她轻启朱唇唱道："黄河远上白云间，一片孤城万仞山。羌笛何须怨杨柳，春风不度玉门关。"王之涣得意至极，揶

揄王昌龄和高适说："怎么样，'土包子'，我说得没错吧！"三位诗人开怀大笑。那些歌女们听到笑声，不知道发生了什么事情，纷纷走了过来："请问几位大人，在笑什么呢？"王昌龄就把比诗的事告诉了她们。歌女们施礼下拜："请原谅我们俗眼不识神仙，恭请诸位大人赴宴。"三位诗人应了她们的邀请，欢宴整天。这便是著名的"旗亭画壁"的故事，载于唐代传奇小说集《集异记》。

降水减少

秋季是由温暖湿润的夏季风转换为寒冷干燥的冬季风的过渡时期，冬季风逐渐增强，夏季风逐渐退出大陆，降雨也随之减少。据统计，除了我国西部地区秋季多雨形成仅次于夏季的一个次极大值的特殊天气现象外，其他地方秋季降水居于夏季、春季之后，不到全年的20%，只比冬季略多。而且降水由剧烈转趋平缓，像前面《处暑后风雨》中下得那么剧烈的秋雨，并不常见，也不是人们印象中的秋雨。以我个人的体验，常见的秋雨大概分两种类型。

一类是"秋雨，秋雨，无昼无夜，滴滴霏霏"（阎选《河传·秋雨》），细密连绵，昼夜不绝，甚至连绵数日。这样的秋雨，清冷寂寥，缠绵如诉，在诗人心田泛起阵阵悲秋的涟漪。

秋季降水减少 吴卫平/摄

声声慢·寻寻觅觅

[宋]李清照

　　寻寻觅觅，冷冷清清，凄凄惨惨戚戚。乍暖还寒时候，最难将息。三杯两盏淡酒，怎敌他晚来风急？雁过也，正伤心，却是旧时相识。

　　满地黄花堆积，憔悴损，如今有谁堪摘？守着窗儿，独自怎生得黑？梧桐更兼细雨，到黄昏点点滴滴。这次第，怎一个愁字了得！

　　这首词是词人在国破家亡、流落他乡时写的，诉说了词人孤愁无助、生意萧条的处境，寄托了极其深沉的家国之思。"梧桐更兼细雨，到黄昏点点滴滴"，梧桐本有孤独忧愁的意象，更兼缠绵细雨，点点滴滴，像是敲击着女词人敏感悲伤的心灵。"乍暖还寒时候"一直被词评家看作此词的难点之一，认为一般秋天的气候应该说"乍寒还暖"，早春天气才能用得上"乍暖还寒"，进而认为，是日朝阳初出而谓"乍暖"，但晓寒犹重而谓"还寒"。但个人认为这种解释有待商榷。因为从气象角度而言，秋季"乍暖还寒"是再正常不过的天气现象。秋季降雨，多由冷空气南下所致。冷空气到来之前如果当地被加强北上的暖气团控制，大气层结稳定，增温增湿，天气暖和，甚至多为晴好天气，是为"乍暖"，冷空气到达后则冷风冷雨，气温下降，是为"还寒"。另外，"乍暖还寒""晚来风急""细雨"，足以说明此次降水是冷空气所致，而且冷空气昨晚已经下来了，降水可能是从早到晚淅淅沥沥下了一整天，似乎还并无停歇的意思。

　　另一类则是"秋雨一何碧，山色倚晴空"（方岳《水调歌头·平山堂用东坡韵》)，降雨时间不长，雨后即晴，碧空如洗，秋色如妆，一切那么开阔，那么宁静。这样的秋雨，似乎在着意渲染时光流转至秋季时的岁月静好。

山居秋暝

[唐]王　维

空山新雨后，天气晚来秋。

明月松间照，清泉石上流。

竹喧归浣女，莲动下渔舟。

随意春芳歇，王孙自可留。

这首山水名篇，是诗人隐居在其终南山下辋川别墅时所作。全诗将空山雨后的秋凉，松间明月的光照，石上清泉的声音，浣女归来竹林中的喧笑声，渔船穿过荷花的动态，和谐完美地融合在一起，描绘出一幅雨后清新、恬静、优美的山中秋季的黄昏美景。而这场秋雨，似乎是这幅静美秋景的美容师，是诗人诗情顿开的阀门。

秋高气爽

入秋后，气温下降，降水减少，大气中的水汽含量较低，天空中的云量也比较少，且多高云（指云底高度通常在 5000 米以上的云），大气的透明度高，是谓"秋高"。由于温度适宜，天气凉爽，人们出汗较少，即使出点汗，由于空气中缺少水分，干而凉的空气使人体的汗液很快蒸发掉，因而"气爽"。刚刚度过"天云如烧人如炙，天地炉中更何

适"（贯休《苦热寄赤松道者》）的夏天，在"高秋爽气相鲜新"（杜甫《崔氏东山草堂》）的天气里，诗人们不禁诗情喷涌。

长安秋望

[唐] 杜　牧

楼倚霜树外，镜天无一毫。

南山与秋色，气势两相高。

这是一曲高秋的赞歌。"镜天无一毫"，是说天宇间不见一丝云彩，宛若明镜。"南山与秋色，气势两相高"素来被人称道，我读到此处时，便想起名句"落霞与孤鹜齐飞，秋水共长天一色"（王勃《滕王阁序》）来，刻画的秋天意境，代入感都很强，似乎自己正处其中欣赏着这无边秋色。

近年来，气象部门以需求为导向，拓展服务领域，开展了人体舒适度指数研究和预报。人体舒适度指数是为了从气象角度来评价在不同气候条件下人的舒适感，根据人类机体与大气环境之间的热交换而制定的生物气象指标。研究表明，在自然环境中，气象因素是影响人体舒适度的主要因子，其中温度、相对湿度、风速、气压四个气象要素对人体感觉影响最大，人体舒适度指数就是根据这四项要素而建成的非线性方程的运算结果。没有春天的绵绵细雨、黏乎乎的空气，没有夏天的高温高湿、频繁的强对流天气，也不像冬天那样寒冷干燥、北风凛冽，秋季温度适中，降水较少，雨日也少，相对湿度适中，凉风习习，理所当然是一年四季中最为舒适的季节。也许正是秋季的舒适，所以陶渊明有"山气日夕佳"（陶渊明《饮酒·其五》）的吟唱，刘禹锡有"便引诗情到碧霄"的豪情（刘禹锡《秋词二首（其一）》），辛弃疾则可以顾左右而言他——"却道天凉好个秋"（辛弃疾《丑奴儿·书博山道中壁》）吧。

秋高气爽　佚名／摄

秋季短促

总体而言，我国四季分明，北方冬长，南方夏长，春秋短促，秋季最短。比如，哈尔滨8月11日入秋，9月29日入冬，秋季只有不到50天，次年4月22日才入春，冬季长达近七个月；杭州10月2日入秋，11月28日入冬，秋季也不足两个月，次年3月14日入春，冬季长约三个半月；广州10月29日入秋，且秋去春便来，4月16日入夏，夏季长达约六个半月。

秋季短促，是因为温度下降迅速，而最直观地表现则在植被的变化上。随着气温的下降，落叶木本植物的叶子多会渐渐变色、枯萎、飘落，只留下枝干度过冬天，许多草本植物将会枯萎甚至整体死去。"一叶忽惊秋"（贺铸《浪淘沙·一叶忽惊秋》），秋季似乎在不经意之间到来；铺展得也很快，转眼之间"山山黄叶飞"（王勃《山中》）；去得也很倏忽，初冬时已是"有风空动树，无叶可辞枝"（白居易《冬夜对酒寄皇甫十》）了。"柔条旦夕劲，绿叶日夜黄"（左思《杂诗》），植被变化得如此快速，好像进入秋季后的时光被按了快进键一般。

秋季色彩斑斓，宛如一幅优美的油画。"停车坐爱枫林晚，霜叶红于二月花"（杜牧《山行》），"渭村秋物应如此，枣赤梨红稻穗黄"（白居易《内乡村路作》），"青山绿水，白草红叶黄花"（白朴《天净沙·秋》），"看万山红遍，层林尽染；漫江碧透，百舸争流"（毛泽东《沁园春·长沙》）……礼赞秋天色彩的诗词，简直和秋天飘落的

霜染红叶　吴卫平/摄

树叶一样多。然而，这种令人陶醉的美景延续的时间也很短暂，可以说是秋季短促的一个缩影、一个佐证。香山红叶驰名中外，其最佳欣赏时间前后不到一个月。我有幸两次游览香山，却或迟或早都错过了那片最浓最美的秋色，至今仍觉十分遗憾。

　　"悲哉！秋之为气也。萧瑟兮，草木摇落而变衰"，战国时期宋玉所作《楚辞·九辩》似乎定下了悲秋的基调。由"绿树阴浓夏日长，楼台倒影入池塘"（高骈《山亭夏日》）的夏天，转入"是处红衰翠减，苒苒物华休"（柳永《八声甘州·对潇潇暮雨洒江天》）、"秋花惨淡秋草黄，耿耿秋灯秋夜长"（曹雪芹《代别离·秋窗风雨夕》）的秋天，诗人又或因老病，或因宦海浮沉，或因聚散，或因羁思，或因时光易逝，不免触景伤怀，是以"悲秋"。但我认为，秋天美好但却短促，容易引发人们类似"大都好物不坚牢，彩云易散琉璃脆"（白居易《简简吟》）的感叹，或许也是"悲秋"的原因之一吧。

　　"秋气堪悲未必然，轻寒正是可人天"（杨万里《秋凉晚步》），四季中，我最喜欢秋季。

孟冬十月，北风徘徊
——漫谈我国冬季气候特征

冬十月

[东汉] 曹　操

孟冬十月，北风徘徊。

天气肃清，繁霜霏霏。

鹍鸡晨鸣，鸿雁南飞。

鸷鸟潜藏，熊罴窟栖。

钱镈停置，农收积场。

逆旅整设，以通贾商。

幸甚至哉！歌以咏志。

　　孟冬即初冬，指每年冬季的第一个月，即农历十月。"钱""镈"是两种农具名，这里泛指农具。《冬十月》出自曹操乐府诗《步出夏门行》，《步出夏门行》是曹操在建安十二年（公元 207 年）北征乌桓时所作的一组诗，《冬十月》是叙述他征途之所见。北风呼啸，气氛肃杀，天气寒冷，霜又厚又密，大雁南飞，猛禽藏匿，熊罴冬眠，农民收好农具不再劳作，收获的庄稼堆满了谷场，这些可能是很多人印象中的初冬景象吧。

黄河壶口冰挂　蒋国华/摄

气温低

　　气温低，天气寒冷，是我国冬季气候的主要特征之一。入冬以后，冷空气越来越频繁，也越来越强，气温逐日走低，"今宵寒较昨宵多"（王稚登《立冬》），天气一天冷过一天。立冬（公历11月7—8日）之后是小雪（公历11月22—23日），我国北方气温可下降至0℃以下，

大雪压青松　佚名/摄

开始有降雪。"压松犹未得，扑石暂能留"（李咸用《小雪》），"小雪气寒而将雪矣，地寒未甚而雪未大也"；随后是大雪（公历12月6—8日），"巧穿帘罅如相觅，重压林梢欲不胜"（陆游《大雪》），"至此而雪盛也"。雪，是气温在0℃以下时由水汽凝华而成，作为大气固态降水最广泛、最普遍、最主要的一种形式，"一片飞来一片寒"（戴叔伦《小雪》），是天气寒冷的代名词之一。然而，我国天气最冷时期，并非在小雪、大雪节气期间。从冬至（公历12月21—23日）开始，经小寒（公历1月5—7日）至大寒（公历1月20—21日），"凄凄岁暮风，翳翳经日雪"（陶渊明《癸卯岁十二月中作与从弟敬远》），"天与云与山与水，上下一白"（张岱《湖心亭看雪》），寒风呼啸，大雪纷飞，天寒地冻，才是一年中最冷的时期。

我们来看看古人眼中的大寒天气。

大寒吟

[宋]邵 雍

旧雪未及消，新雪又拥户。

阶前冻银床，檐头冰钟乳。

清日无光辉，烈风正号怒。

人口各有舌，言语不能吐。

诗的大意是：前些日子下的雪还没有来得及融化消逝，新下的雪又封门闭户；台阶上冻结了一层冰，看上去如银色的床铺，屋檐边的冰挂就像是倒悬的钟乳石；清冷的冬阳失去了温暖的光辉，肆虐的北风在狂呼怒号；人们的舌头也仿佛要被冻住了，说不出话来。

诗中提及的雪、冰冻、冰挂，都是天气严寒的象征。冰冻是指水由于冷却而冻成冰，如雪下到地面后，白天有一个气温上升过程，雪融化成水，但又未能及时被太阳蒸发，在夜晚气温降到 0 ℃后，就冻结成冰。结冰与冰冻有一定的区别，但它们形成的物理原理是一样的。结冰是指露天水面冻结成冰的一种天气现象。冰挂是在潮湿冰冷的天气里，超冷却的降水碰到温度等于或低于 0 ℃的物体表面凝固而形成的。小时候，冬天极冷时，小溪、池塘等就会结冰，一旦爷爷家后院小腊树叶片上冻结着一层冰的时候，屋檐下往往就会挂着长短不一的冰挂。因为气候变暖，如今岳阳下雪的强度、频率都比二十世纪八九十年代小了很多，冰挂更是难得一见了。在欣赏久负盛名的九寨沟和黄河壶口冰挂时，长期蛰居广东的我，虽然不至于冷得"言语不能吐"，但也都被冻得直打寒战。

《世说新语》有一则故事，大意是：司州刺史王胡之有一次冒雪前去他的堂弟王螭府上。王胡之说话时的言谈、态度稍微冒犯了王螭，王螭便十分生气。王胡之也觉得冒犯了王螭，就把坐床挪近王螭，拉着他的手臂说："你难道为这些便和老兄计较！"王螭拨开他的手说："冷得像'鬼手'一样，还硬要来拉人家的胳膊！"这让我想起上小学的时候，数九寒天，手脚冰冷，小伙伴们常在课间休息时一齐跺脚取暖，或者突然将冰冷的手指伸入对方脖子后面，冷得对方哇哇大叫，以此相互逗乐。巧合的是，我们岳阳人也喜欢将冰冷的手称作"鬼手"或者"鬼爪子"。

南北温差大

南方温暖，北方寒冷，南北气温差别大是我国冬季气温的地理分布特征。以我国最冷月1月平均气温为例，0℃等温线大致沿淮河—秦岭—青藏高原东南边缘分布，该线以北的气温在0℃以下，越往北气温越低，其中黑龙江漠河的气温在 –30℃以下，为我国最低气温之最；该线以南的气温则在0℃以上，其中南岭山脉一线，气温为8℃左右，而海南三亚的气温则在20℃以上。为什么我国冬季气温南北差异如此巨大呢？这是因为，冬季阳光直射在南半球，我国大部分地区太阳辐射获得的热量少；同时我国南北纬度跨度大，北方与南方太阳高度差别显著；另外，我国冬季受冬季风的影响，从蒙古、西伯利亚一带常有寒冷干燥的冬季风吹来，北方地区首当其冲，南方因东西向高大山脉如秦岭、南

大雁在南方过冬 吴卫平／摄

岭山脉对冷空气的阻隔，冷空气影响时势力已大大减弱；且南方还常受来自海洋的暖湿气流影响，因此更加剧了南北气温的差距。

　　冬季天气寒冷，往往是一次次寒潮入侵的结果。所谓寒潮，是指来自高纬度地区的寒冷空气，在特定的天气形势下迅速加强并向中低纬度地区侵入，造成沿途地区剧烈降温、大风和雨雪天气。这种冷空气南侵达到一定标准的天气就称为寒潮。我国气象部门规定，冷空气侵入造成的降温，一天内达到 10 ℃以上，而且最低气温在 5 ℃以下，则称此冷空气爆发过程为一次寒潮过程。寒潮入侵我国的主要路径有三条：从西伯利亚西部进入我国新疆，经河西走廊向东南推进，此为西路；从西伯利亚中部和蒙古进入我国后，经河套地区和华中南下，此为中路；从西伯利亚东部或蒙古东部进入我国东北地区，经华北地区南下，此为东路。"北风卷地白草折，胡天八月即飞雪"，便是寒潮从西路入侵产生大风降温降雪的结果。

　　我国冬季南北气温相差 50 ℃以上，在古诗词中亦可窥见一斑。下面以初冬为例，感受一下我国南北气温的差异。

河梁歌

［先秦］无名氏

度河梁兮渡河梁，举兵所伐攻秦王。

孟冬十月多雪霜，隆寒道路诚难当。

陈兵未济秦师降，诸侯怖惧皆恐惶。

声传海内威远邦，称霸穆桓齐楚庄。

天下安宁寿考长，悲去归兮河无梁。

　　《河梁歌》是一首先秦时期的诗，表达了对连年战火的控诉。《吴越春秋》记载，越王勾践灭吴国之后，北渡江淮，与齐国、晋国的国君会盟于徐州，发布号令要求齐国、楚国、秦国、晋国都服从王室，但秦桓公不愿意听勾践的，勾践威胁要渡过黄河去攻打秦国，生长在江南的越国士兵内心十分畏惧，唯恐北方寒冬难捱，正好秦国也不想与越国为敌，自行退让了，越王勾践便取消了攻秦的计划，越国士兵欢欣喜悦，做了这首《河梁之诗》。"孟冬十月多雪霜"，说明我国黄河流域在初冬季节便已霜繁雪重了。

早　冬

[唐]白居易

十月江南天气好，可怜冬景似春华。

霜轻未杀萋萋草，日暖初干漠漠沙。

老柘叶黄如嫩树，寒樱枝白是狂花。

此时却羡闲人醉，五马无由入酒家。

　　柘即柘树，落叶灌木或小乔木，喜光，亦耐阴耐寒，耐干旱贫瘠，多生于山脊石缝。樱花喜光、喜温、喜湿，一般早春开花。

诗的大意是：江南十月的天气真是好，冬天的景色如春天一样可爱。尽管已是初冬时节，但是江南的小草因霜轻还未枯萎败落；太阳暖暖的，晒干了滩头的河沙。老柘树叶子黄了，看上去却如初生的嫩叶一般；樱花不依时序，开出枝枝白花。我真是羡慕那些喝酒人的清闲啊，不知不觉便走入了酒家。

这首诗作于诗人杭州任上，全方位地展现了江南早冬时节的场景。通过诗人细致准确的描述，我们不难理解江南地区为何有"十月小春天"之说了。

丙寅十月游南华

[宋] 朱 翌

五年四转入曹溪，飞盖干霄日为低。

人定忽闻钟不嘎，饮香休问水流西。

桄榔子熟旒珠重，荳蔻丛深扇羽齐。

郁郁苍苍千嶂里，犯寒犹着一蝉嘶。

南华即南华寺，位于广东省韶关市曲江区马坝镇东南 7 千米的曹溪之畔，是禅宗六祖惠能弘扬"南宗禅法"的发源地，为我国佛教名寺之一。

桄榔是热带、南亚热带和中亚热带一种常绿乔木，喜高温多湿，不耐寒，年平均温度在 20 ～ 30 ℃生长良好，主要分布在我国海南、广东、

四季常青的广东清远　吴卫平／摄

广西及云南等地。豆蔻是多年生常绿草本植物，喜高温，不耐寒，主要分布在五岭以南地区。

"郁郁苍苍千嶂里，犯寒犹着一蝉嘶"，已是十月（农历），岭南依旧层峦叠嶂，郁郁葱葱，而且还有蝉的嘶叫声，尚在夏秋之交。

农历十月（大概与公历11月相当），从气象意义上划分四季来说，黄河流域基本都已进入冬季，偏北的地区更是已进入隆冬，如西安常年入冬平均时间为11月8日，哈尔滨为10月4日；长江中下游地区则处秋意最浓之际，如杭州在11月28日入冬；岭南才刚进入秋季，依旧山青水绿、温暖宜人，如广州10月29日入秋，海口11月24日入秋，而且没有气象意义上的冬季，秋季刚刚过去，春季便接踵而来。

2008 年初广东清远北部低温冰冻灾害　李书桂／摄

"我在南方吃雪糕，你在东北穿棉袄"，可以说是我国冬季南北气温差异的形象写照。

降水量少，空气干燥

"降水量少，空气干燥"是我国冬季气候主要特征之一。冬季的降水量（包含降雨、降雪等），就全国大范围而言，只占全年 10% 左右，是一年四季中降水量最少的。冬季是我国河流湖泊的枯水期，黄河、长江、洞庭湖、鄱阳湖等大江、大湖的水位基本都处于年度最低，乡间山野的小溪流、小池塘更是如此，有的甚至会断流干涸。

山 中

[唐]王　维

荆溪白石出，天寒红叶稀。

山路元无雨，空翠湿人衣。

　　这首小诗以诗人山行时所见所感，描绘了一幅由裸露出白石的小溪、鲜艳的红叶和无边的浓翠所组成的初冬时节山中美景图，色泽斑斓鲜明，富于诗情画意，给人以美的享受。

　　荆溪，本名长水，又称浐水，源出陕西蓝田县西南秦岭山中，北流至西安东北入灞水。"荆溪白石出"，因已是初冬，原本水流迅疾的山溪变成了涓涓细流，且露出了嶙嶙白石。

　　广东清远是"中国漂流之乡"，每当夏季，古龙峡漂流、黄腾峡漂流、青龙峡漂流、玄真漂流等漂流景点人声鼎沸，十分火爆。而至秋冬时节，溪水清浅，岩石裸露，又成为人们野外远足的好去处。

　　降水量少，如果时空分布还不均匀，常会导致干旱。

冬日园中作

[宋]陆　游

园荒阙扫除，篱败且枝梧。

久旱池萍死，新霜野蔓枯。

寒炉殊未议，浊酒却时酤。

飞动郊原兴，饥鹰待指呼。

"久旱池萍死"意思是说，因为长时间干旱，池塘里的浮萍枯死了。

冬季盛行冬季风，不但寒风砭骨，而且水汽含量低，空气十分干燥。总体而言，北方比南方干燥，内陆比沿海干燥。冬天到北京出差，我因不能适应其寒冷干燥的气候，每次都皮肤发痒，嘴唇干裂脱皮，十分难受。

"严寒动八荒，藋藋无休时"（刘驾《相和歌辞·苦寒行》），"冬天来了，春天还会远吗？"（珀西·比希·雪莱《西风颂》），东西方文化似乎都有着对冬天的恐惧排斥，对春天的喜爱向往。然而，只有在冬季，我们才可以感受到"千里冰封，万里雪飘"（毛泽东《沁园春·雪》）的壮美，才可以感受到"千山鸟飞绝，万径人踪灭"（柳宗元《江雪》）的寂静，才可以欣赏到"雪似梅花，梅花似雪"（吕本中《踏莎行》）的美景，才有创作出诸如"遥知不是雪，唯有暗香来"（王安石《梅》）、"砌下落梅如雪乱，拂了一身还满"（李煜《清平乐·别来春半》）这样美妙的诗词的现实基础，才有"岁不寒，无以知松柏；事不难，无以知君子"（《荀子·大略》）、"不是一番寒彻骨，怎得梅花扑鼻香"（黄檗禅师《上堂开示颂》）的感悟，孩子们才可以欢快地堆雪人、打雪仗……

寒冬里，长有刺毛的豪猪会聚在一起取暖，而我们人类则喜围炉夜话、促膝长谈，或"绿蚁新醅酒，红泥小火炉"（白居易的《问刘十九》），邀三五朋友共饮几杯。寒冷，似乎也可以拉近相互的距离。"春有百花秋有月，夏有凉风冬有雪。若无闲事挂心头，便是人间好时节"（释慧开禅师《春有百花秋有月》），谁说冬天不是上天最好的安排？

厚厚的积雪　吴卫平/摄

气候篇

天气现象篇

解落三秋叶，能开二月花
——漫谈风的成因及风能资源利用

风 赋（节选）

[战国]宋 玉

楚襄王游于兰台之宫，宋玉景差侍。有风飒然而至，王乃披襟而当之，曰："快哉此风！寡人所与庶人共者邪？"宋玉对曰："此独大王之风耳，庶人安得而共之！"

王曰："夫风者，天地之气，溥畅而至，不择贵贱高下而加焉。今子独以为寡人之风，岂有说乎？"宋玉对曰："臣闻于师：枳句来巢，空穴来风。其所托者然，则风气殊焉。"

这篇赋从听觉、视觉、嗅觉对风的感知不同，生动形象地描写了"大王之雄风"和"庶人之雌风"的截然不同，使大王奢侈豪华的生活和庶人贫穷悲惨的生活形成鲜明的对照，揭露了社会生活中不平等的现象。"夫风者，天地之气，溥畅而至，不择贵贱高下而加焉"意思是说，风是天地间流动的空气，它普遍而畅通无阻地吹送过来，不分贵贱高下都能吹到。

风是最常见的天气现象之一，虽然无色无形，但从不同方式和感受，我们时时刻刻都可以感知风的存在。"湘江二月春水平，满月和风宜夜行"（元结《欸乃曲五首（其二）》），"暖风熏得游人醉"（林升《题临安邸》），这是和煦的春风；"九月天山风似刀，城南猎马缩寒毛"（岑参《赵将军歌》），"北风不惜江南客，更入破窗吹客衣"（黄庭坚《大风》），这是凛冽的寒风。"风乍起，吹皱一池春水"（冯延巳《谒金门·风乍起》），"微风忽起吹莲叶，青玉盘中泻水银"（施肩吾《夏雨后题青荷兰若》），这是轻柔的微风；"轮台九月风夜吼，一川碎石大如斗，随风满地石乱走"（岑参《走马川行奉送封大夫出师西征》），"凉秋八月萧关道，北风吹断天山草"（岑参《胡笳歌送颜真卿使赴河陇》），这是强劲的大风……

风的成因

那么，"去来固无迹"（王勃《咏风》）的风究竟是怎样形成的呢？我国古代神话认为，风是由风神掌控的。风神是人面鸟身的天神，又名飞廉、风伯、风师、箕星等。《风俗通义》说："风师者，箕星也，箕主簸扬，能致风气"，又说"飞廉，风伯也，风师，箕星也"。《西游记》中司风的是风婆婆，她有一个大布袋，解开袋口即可放出风来。

神话是古代人们对自然力量的崇拜、斗争及对理想追求而虚构出来的，其实古人对风很早就有了比较客观的认识。

现在，我们对风的成因，不但知其然，而且知其所以然。风是空气由于受热不均而导致的从一个地方向另一个地方移动的结果。气象上，

风 佚名／摄

风常指空气的水平运动。空气水平运动的原动力是水平气压梯度力，这是形成风的直接原因。同一水平面上的大气在单位距离间的气压差，叫作气压梯度。在有气压梯度存在的情况下，促使大气从高压区流向低压区的力，叫作水平气压梯度力，其方向垂直于等压线并指向低压。同时，空气在流动的过程中其方向还受地转偏向力的影响。地转偏向力是由于地球自转而产生作用于运动物体的力，简称偏向力，又称科里奥利力或科氏力。地转偏向力使风在北半球时向右转，在南半球时向左转，在极地处最明显，在赤道处则消失。另外，地面风还受地面摩擦力的影响。摩擦力始终与风向相反，不但改变风向，而且改变风速。综上可知，空气水平运动是水平气压梯度力、地转偏向力和摩擦力等因素共同影响的结果。正因如此，风向、风速的时空分布十分复杂。

风向及风速

　　风是空气的流动现象，是矢量（有大小也有方向的物理量，也叫向量），用风向、风速（或风力）表示。

　　风向是指风吹来的方向，例如南风就是指空气自南向北流动。古人常用四个或者八个方位表示风向。《尔雅》曰："南风谓之凯风，东风谓之谷风，北风谓之凉风，西风谓之泰风。"《说文解字》曰："东方曰明庶风，东南曰清明风，南方曰景风，西南曰凉风，西方曰阊阖风，西北曰不周风，北方曰广莫风，东北曰融风。"

《竹石图》 管道升（元）/绘

竹 石

［清］郑板桥

咬定青山不放松，立根原在破岩中。
千磨万击还坚劲，任尔东西南北风。

这是一首题画诗，诗中画乃元代书画家赵孟頫夫人管道升所作《竹石图》。诗的意思是说，青竹"咬"住青山一直都不放松，原来是把根深深地扎入了岩石的缝隙之中，任凭东西南北的狂风，千万次吹打折磨，青竹依旧坚挺刚劲。诗人以竹喻人，塑造了一个坚定顽强、不屈不挠的英雄形象。郑板桥是我们很熟悉的清代诗人，以"诗、书、画"闻名，为"扬州八怪"之一。

另外，古诗词中常用东风指代春风，如"小楼昨夜又东风，故国不堪回首月明中"（李煜《虞美人·春花秋月何时了》），"相见时难别亦难，东风无力百花残"（李商隐《无题·相见时难别亦难》）；南风指代夏风，"四月南风大麦黄，枣花未落桐叶长"（李颀《送陈章甫》），"唯有南风旧相识，偷开门户又翻书"（刘攽《新晴》）；西风指代秋风，"江阔云低、断雁叫西风"（蒋捷《虞美人·听雨》），"菡萏香销翠叶残，西风愁起绿波间"（李璟《摊破浣溪沙·菡萏香销翠叶残》）；北风指代冬风，"树木何萧瑟，北风声正悲"（曹操《苦寒行》），"千里黄云白日曛，北风吹雁雪纷纷"（高适《别董大二首（其一）》），这点我们在欣赏诗词时要注意。

现代气象上，风向按 16 方位记录。日常天气预报中，则只按东、南、西、北、东北、东南、西南、西北 8 个方位预报。

风速有两种常见的表述方式，一种是风力等级。我国唐代杰出的天文学家、数学家李淳风，是世界上第一个给风定级的人。李淳风在其气象学专著《乙己占》中，根据多年对风观察的经验，把风分为动叶、鸣条、摇枝、坠叶、折小枝、折大枝、折木飞砂石、拔大树及根共 8 级。1805 年，英国学者弗朗西斯·蒲福依据李淳风所创划分风力标准进一步细分，把风力定为 0 ～ 12 级共 13 个级别。从此以后，风级有了更明确的标准。1946 年，风力等级又增加到 18 个（0 ～ 17 级），即风力的大小分为18 个等级，最小是 0 级，最大为 17 级。

风速另一种表述方式是指空气在单位时间内移动的水平距离，以"米／秒"为单位。这是在 19 世纪末叶测定风速的仪器发明后，人们可以准确地测定风力的大小以后才开展起来的。风速的观测资料有瞬时值和平均值两种。平均风速是指某个时段内风速的平均值，气象上一般

微风习习　佚名／摄

取 10 分钟的平均值；瞬时风速是指空气微团瞬时移动的速度。极大风速（阵风）是指在某时段内出现的最大瞬时风速值。日常天气预报内容里，如"西南风 3—4 级，阵风 5—6 级"，其中"西南风 3—4 级"是指平均风速，"阵风 5—6 级"则是极大风速。

读者或许会问，两种风速表述方式之间存在什么联系吗？答案是肯定的。不但风速与风力等级有对应关系，而且与外界（如树等）的反映也有对应关系，这些我们可以从气象上常用的蒲福风力等级表中知道大概结果。

涉及风力的古诗词非常多，下面，我们结合风力对树产生的影响谈谈微风和大风。

微风是指轻微的风，与和风、轻风、徐风、柔风等相近，一般指 3 级（5.4 米 / 秒）以下的风。

风不鸣条

[唐]卢　肇

习习和风至，过条不自鸣。

暗通青律起，远傍白蘋生。

拂树花仍落，经林鸟自惊。

几牵萝蔓动，潜惹柳丝轻。

入谷迷松响，开窗失竹声。

薰弦方在御，万国仰皇情。

风不鸣条意即和风轻拂之下树枝不发出声响，并且从后面的"花仍落""鸟自惊""萝蔓动""柳丝轻"来看，这次微风当属"动叶"等级。"风不鸣条"在现代汉语中是一个成语，比喻社会安定。

大风是指强劲的风，气象上专指8级（17.2米／秒）以上的风。不同季节，造成大风的天气系统也不同。秋冬季和春季，伴随着冷空气的南下，经常出现大范围的寒潮大风，以偏北风为主，持续时间较长。夏秋季节，大范围的大风主要是由台风（热带气旋）造成的。局部性大风则多为强对流天气，如雷雨大风、龙卷风等，多发生在春夏季节。

长干行

[唐] 李　益

忆妾深闺里，烟尘不曾识。

嫁与长干人，沙头候风色。

五月南风兴，思君下巴陵。

八月西风起，想君发扬子。

去来悲如何，见少离别多。

湘潭几日到？妾梦越风波。

昨夜狂风度，吹折江头树。

渺渺暗无边，行人在何处？

好乘浮云骢，佳期兰渚东。

鸳鸯绿浦上，翡翠锦屏中。

自怜十五余，颜色桃花红。

那作商人妇，愁水复愁风！

这首诗的主人公是一位商人妇，她丈夫长年在外经商，或五月西下巴陵，或八月东发扬子。妇人通过她的回忆、梦境与幻想，表达了她对丈夫的思念牵挂之情，同时也表达了她寂寞哀怨之情。"昨夜狂风度，吹折江头树"，意思是说，昨夜狂风大作，将江边的树木都吹折了。这次大风天气发生在秋季，可能是由冷空气造成的，为"折大枝"等级。

风能资源利用

风能是空气水平运动产生的动能，是一种环保、清洁的可再生资源。它本质上来源于太阳辐射造成的地球大气的运动，因此它属于广义的太阳能的一种。风能资源利用十分广泛，如帆船、风车提水灌溉、风力发电等。

帆船即利用风力作用于帆上使之前进的船，是古代水上交通的主要工具。

黄鹤楼送孟浩然之广陵

[唐]李　白

故人西辞黄鹤楼，烟花三月下扬州。

孤帆远影碧空尽，唯见长江天际流。

　　"人生贵相知，何用金与钱？"（李白《赠友人三首（其三）》）李白生平酷爱交友，对朋友也特别真挚、热烈。"吾爱孟夫子，风流天下闻"（李白《赠孟浩然》），开元十四年（公元726年），李白与孟浩然在襄阳一见如故；开元十六年春天，李白在江夏（今湖北武汉市）再次与孟浩然相遇，并在黄鹤楼送其乘坐帆船远赴扬州。这首《黄鹤楼送孟浩然之广陵》即为两位大诗人第二次离别的见证。"孤帆远影碧空尽，唯见长江天际流"，诗人伫立楼前以目相送，船越行越远，船上的白帆逐渐消逝在蓝天尽头水天相接处，最后只能看见长江仿佛是流向天边。

　　帆船在古诗词中出现十分频繁，且多名篇名句。

望江南·梳洗罢

[唐]温庭筠

梳洗罢，独倚望江楼。过尽千帆皆不是，斜晖脉脉水悠悠。肠断白萍洲。

次北固山下

[唐]王　湾

客路青山外，行舟绿水前。

潮平两岸阔，风正一帆悬。

海日生残夜，江春入旧年。

乡书何处达？归雁洛阳边。

酬乐天扬州初逢席上见

[唐]刘禹锡

巴山楚水凄凉地，二十三年弃置身。

怀旧空吟闻笛赋，到乡翻似烂柯人。

沉舟侧畔千帆过，病树前头万木春。

今日听君歌一曲，暂凭杯酒长精神。

望天门山

[唐]李　白

天门中断楚江开，碧水东流至此回。

两岸青山相对出，孤帆一片日边来。

风车提水灌溉，是利用当地丰富的风力资源，用风力提水设备将井里或低洼处的水提升到田里进行灌溉。可能很多人和我一样，从未见过风车提水灌溉。不过，我在云南丽江时曾见过风车提水，但并不是用于灌溉，而是供游人观赏。另外，我曾听我父母说过，二十世纪五六十年代，他们曾使用脚踏式的水车提水灌溉。因为岳阳地处洞庭湖平原，平均风力不大，不能借助风力提水。

利用风力不但可以提水，还可用于春米、磨面，其原理与风车提水灌溉一样。还有反其道而行之的——我在四川藏区曾见过利用水流冲刷转动转经筒的。

风力发电是把风的动能转变成机械能，再把机械能转化为电能。我国风力资源极为丰富，大部分地区的平均风速都在 3 米 / 秒以上；我国的大风区主要分布在三北地区（东北、华北和西北地区）和东部沿海地区，这些地区发展风电有广阔前景。我曾到过新疆达坂城的"中国风谷"——风电产业合作区（在著名的百里风区内），只见白色高大的风车延绵不尽，如同一片排列整齐的"白色森林"，令人十分震撼。路边筑有一米多高的平台供游客登台欣赏，然而登上台后却有点站立不住。或许他们筑台的本意就是让人感受那里的大风吧。车在沙漠公路上行驶时，常会听到石子敲打车身的声音。那次新疆之行，"风大"是我最深刻的印象之一。

新疆地区多大风，还有诗为证：

初过陇山途中，呈宇文判官

［唐］岑　参

一驿过一驿，驿骑如星流。

平明发咸阳，暮及陇山头。

陇水不可听，呜咽令人愁。

沙尘扑马汗，雾露凝貂裘。

西来谁家子，自道新封侯。

前月发安西，路上无停留。

都护犹未到，来时在西州。

十日过沙碛，终朝风不休。

马走碎石中，四蹄皆血流。

万里奉王事，一身无所求。

也知塞垣苦，岂为妻子谋。

山口月欲出，先照关城楼。

溪流与松风，静夜相飕飗。

别家赖归梦，山塞多离忧。

与子且携手，不愁前路修。

天气现象篇

唐天宝八载(公元749年)，岑参从长安（今西安）赴安西任高仙芝幕府掌书记。这是诗人第一次出塞，此诗作于赴安西途中。安西是指

新疆百里风区风力发电　刘鑫/摄

安西节度使治所龟兹镇（今新疆库车县），西州其治所在今新疆吐鲁番东南哈剌和卓城。陇山又名大陇山、六盘山、鹿盘山、鹿攀山等，地处宁夏和甘肃南部、陕西西部，位于西安、银川、兰州三个省会城市所形成的三角地带中心。"十日过沙碛，终朝风不休"意思是说，在沙漠戈壁中穿行了十天，一天到晚都是大风。足见新疆大风地区之广、大风持续时间之长。

"解落三秋叶，能开二月花。过江千尺浪，入竹万竿斜"（李峤《风》），诗人笔下，风在不同时间、不同地点，有着不同的面貌：秋风能令万木凋零，春风却又能让百花绽放；狂风掠过江面时，能掀起千尺高的巨浪，疾风吹入竹林时，又会使千万竹竿随之倾斜。风，这最常见却又最不可名状的天气现象，在您的眼中又是怎样的呢？

东边日出西边雨，道是无晴却有晴
——漫谈降雨成因及强度

"雨，水从云下也"（许慎《说文解字》），是的，雨是从云层中降落的水滴。陆地和海洋表面的水蒸发变成水蒸气，水蒸气上升到一定高度之后遇冷变成小水滴，这些小水滴在云里互相碰撞，合并成大水滴，当它大到空气托不住的时候，就从云中落了下来，便形成了雨。

雨的种类及划分依据主要有两种，一种是按照降雨的成因来划分，另一种是按照降雨的强度或大小来划分。

根据降雨的成因（气流抬升）不同，可分为锋面雨、对流雨、地形雨、台风雨四种基本类型。

锋面雨是由于冷暖锋交会，暖湿空气主动抬升或被动爬升，在上升过程中冷凝致雨。这里我们要先了解一下锋面这个概念。锋面是温度、湿度等物理性质不同的两种气团（冷气团、暖气团）的交界面，或者叫作过渡带。锋面与地面的交线，称为锋线。锋面的长度与气团的水平距离大致相当，几百千米到几千千米不等；宽度则比气团小得多，只有几十千米，最宽的也不过几百千米；其垂直高度与气团相当，大约几千米到十几千米。由于锋面两侧的气团在性质上有很大差异，所以锋面附近空气运动活跃，在锋面中有强烈的升降运动，气流极不稳定，常造成剧烈的天气变化。锋面降水特点之一是范围大，常常形成沿锋面而产生大范围的呈带状分布的降水区域，称为降水带。随着锋面位置的移动，降水带也随之移动。锋面降水的另一个特点是持续时间长，视冷暖空气对峙情况而定，短则几天，长则十天半个月，有时长达一个月以上。

每年从春季开始，暖湿气流势力逐渐增强，从海上进入大陆，先到华南地区，然后逐渐加强北移，到了初夏常常伸展到长江中下游地区，有时还可到达淮河及其以北地区。这股暖湿气流在北移过程中，与从北方南下的冷空气相遇，交界处形成锋面，就会产生锋面降水。我国华南前汛期降水与长江中下游地区的梅雨，都属于这种锋面降水。

梅雨季节，"温高湿大"是其鲜明特征。

过秦楼·大石

[宋]周邦彦

水浴清蟾，叶喧凉吹，巷陌马声初断。闲依露井，笑扑流萤，惹破画罗轻扇。人静夜久凭阑，愁不归眠，立残更箭，叹年华一瞬，人今千里，梦沉书远。

空见说鬓怯琼梳，容销金镜，渐懒趁时匀染。梅风地溽，虹雨苔滋，一架舞红都变。谁信无聊为伊，才减江淹，情伤荀倩。但明河影下，还看稀星数点。

波面风生雨脚齐　吴卫平／摄

该词通过现实、回忆、推测和憧憬等各种意象的组合，忽景忽情、忽今忽昔，情景交融，表达了词人对情人的刻骨思念及伤离痛别的万千感慨，给读者以无尽的审美愉悦。"梅风地溽，虹雨苔滋"，梅雨时节，雨多闷热，地面潮湿，以致庭院中青苔滋生。

对流雨是由于高空和地面的空气对流强烈，地面热空气对流上升冷却过程中形成的降雨。对流雨时常出现于热带、亚热带或温带的夏季，以热带、亚热带地区最为常见。强对流天气中的降水皆属此列。对流雨的降雨区域一般较小，且历时较短，但降水的强度不一。

竹枝词二首（其一）

［唐］刘禹锡

杨柳青青江水平，闻郎岸上踏歌声。

东边日出西边雨，道是无晴却有晴。

这是一首脍炙人口的爱情诗。诗人抓住对流雨范围小、历时短等特点，采用竹枝词这种巴渝民歌的形式，运用谐声双关语来表达恋人既抱有希望又怀有疑虑、既欢喜又担忧的微妙复杂心理。

对流雨多出现在夏季的午后至傍晚这个时间段，是因为中午日照很强，蒸发旺盛，空气受热膨胀上升，至高空冷却，容易成云致雨。

临江仙·柳外轻雷池上雨

[宋]欧阳修

柳外轻雷池上雨，雨声滴碎荷声。小楼西角断虹明。阑干倚处，待得月华生。

燕子飞来窥画栋，玉钩垂下帘旌。凉波不动簟纹平。水精双枕，傍有堕钗横。

此词写夏日傍晚，雷阵雨已过，月亮升起后的景象。这次降雨，当属傍晚出现的对流雨。

对于对流雨，对于"雨声滴碎荷声"，我倒是有深刻的切身体会。我的家乡在湖南岳阳广兴洲镇北洲村，在我家东南方约 200 米处有一5000 多亩①的湖泊——团湖，是东亚最大的自然荷花景区，现为国家AAAA 级旅游景区。每当夏季，红色或粉红色的荷花，碧绿簇拥的荷叶，鹅黄或翠绿的莲蓬，荷叶下、荷梗间游弋嬉戏的各类鱼儿，使我小时候一直固执地认为"江南可采莲，莲叶何田田。鱼戏莲叶间。鱼戏莲叶东，鱼戏莲叶西，鱼戏莲叶南，鱼戏莲叶北"（汉乐府诗《江南》）描写的便是团湖的情景。荷花盛开最为灿烂的季节，正是农业生产最为繁忙的"双抢"（抢收和抢种）季节，也正是对流雨最为频繁的季节。在田间

----

① 1 亩 ≈ 0.067 公顷。

劳作时，人们经常会遇到对流雨，尤其是在午后。先是团湖对面山头乌云翻滚，有时可见闪电，随后乌云开始扩展、移动，如果听到雨点打在荷叶上的声音，便可知雨马上要下过来了。雨打荷叶的声音特别清脆响亮，"大珠小珠落玉盘"（白居易《琵琶行》）大抵如此，又十分粗重急促，如万马奔腾，由远而近。小时候夏天干农活时，我特别希望听到雨打荷叶的声音，那样便可借机躲雨回家玩一会儿了。

地形雨是由于湿润的气团遇到高大山地的阻挡，在爬升过程中冷却形成降雨，一般多发于盛行风的迎风坡。四川省雅安市位于青藏高原东麓，四川盆地的西南缘，古称雅州，素有"华西雨屏""雅州天漏"之称，诗圣杜甫有诗云："地近漏天终岁雨。"雅安天漏，雨日多、雨量大，连续降雨日长，与其自身所处的特殊地理条件密切相关。雅安西面是高大雄峻的二郎山，西北方是险峻的夹金山，南部是大相岭，只有东面一个出口，组成喇叭形状，使得东来的暖湿气流易进难出，沿着山坡抬升凝结，极易形成降水。

地形雨并非雅安特有之现象。广东省有三大多雨中心，也是广东省暴雨最集中的地方。第一个多雨中心在粤北山区，以清远—佛冈—龙门—河源为中心，第二个多雨中心在阳江—阳春—恩平—上川—斗门一带，第三个多雨中心在粤东的海丰—陆丰—揭西—普宁一带。三大降雨中心的形成与广东的地形有密切关系。广东地形北高南低，三面环山，一面临海，这三大降雨中心基本都位于广东主要山脉的南坡，也就是暖湿气流的迎风坡，山的抬升作用使降水增幅明显。

暴雨倾盆　佚名/摄

　　台风雨，顾名思义是由台风引起的降雨。台风，则是指形成于热带或副热带 26 ℃以上广阔洋面上的热带气旋。台风影响时风大雨大，而且范围广大。我国东南沿海，夏秋季常受台风的影响。

海康书事十首（其九）

［宋］秦　观

一雨复一阳，苍茫飓风发。

怒号兼昼夜，山海为颠蹶。

云何大块噫，乃尔不可遏。

黎明众窍虚，白日丽空阔。

　　海康即今广东省湛江市雷州市，位于雷州半岛中部。北宋哲宗绍圣元年（公元 1094 年），因为新旧党争，秦观被贬杭州通判，途中贬处州（今浙江丽水市）酒监税，后又移至彬州、横州（今广西横县）编管，不断南迁，元符元年（公元 1098 年）秋，贬到雷州。

　　飓风即台风，明代以前将台风称为飓风，明代以后则按各地风情不同有台风和飓风之分。现代，台风和飓风都指热带气旋，只是发生地点不同，从而叫法不同。在北太平洋西部、国际日期变更线以西，包括南中国海和东中国海称作台风；而在大西洋或北太平洋东部的热带气旋则称飓风。也就是说，在美国一带称飓风，在菲律宾、中国、日本一带叫台风，如果在南半球，则叫作旋风。

　　现代气象按照热带气旋的强度（主要是其中心附近最大风力）将其划分为热带低压、热带风暴、强热带风暴、台风、强台风、超强台风六个等级，只有中心附近最大风力为 12 ～ 13 级(32.7 ～ 41.4 米 / 秒) 的热带气旋才叫作台风。

降雨按强度或大小，可划分为小雨、中雨、大雨、暴雨、大暴雨和特大暴雨 6 个等级。24 小时内，降水量在 0.1 ～ 9.9 毫米，为小雨；10 ～ 24.9 毫米，为中雨；25 ～ 49.9 毫米，为大雨；50 ～ 99.9 毫米，为暴雨；100 ～ 250 毫米，为大暴雨；超过 250 毫米，为特大暴雨。就季节而言，夏季是我国的雨季，且暴雨也多出现在夏季。

虽然我们无法通过古诗词知道当时降水量具体是多少（定量），但是可以大致推断降雨的强度或大小（定性）。古诗词中常见与雨相关的词语中，个人理解，细雨、微雨、烟雨、轻雨、丝雨、疏雨、小雨等大致属小雨或中雨量级，暴雨、密雨、猛雨、倾盆雨、骤雨、急雨、大雨等则属大雨及以上量级。

下面，我们先结合一些古诗词谈谈小雨。

水槛遣心二首（其一）

[唐]杜 甫

去郭轩楹敞，无村眺望赊。

澄江平少岸，幽树晚多花。

细雨鱼儿出，微风燕子斜。

城中十万户，此地两三家。

　　此诗大约作于公元 761 年。杜甫定居成都草堂后，过了段短暂但安定的生活，此诗描绘的正是草堂环境，表现了诗人闲适的心情和对大自然的热爱。"细雨鱼儿出，微风燕子斜"是历来为人传诵的名句。叶梦得《石林诗话》云："诗语忌过巧。然缘情体物，自有天然之妙，如老杜'细雨鱼儿出，微风燕子斜'，此十字，殆无一字虚设。细雨着水面为沤，鱼常上浮而淰。若大雨，则伏而不出矣。燕体轻弱，风猛则不胜，惟微风乃受以为势，故又有'轻燕受风斜'之句。"正因为雨细，鱼儿才欢腾地游到水面上；正因为风微，燕子才轻盈地掠过天空。

　　涉及小雨的诗词不胜枚举，且多名篇名句，如：

　　细雨湿流光，芳草年年与恨长。（冯延巳《南乡子·细雨湿流光》）

　　青箬笠，绿蓑衣，斜风细雨不须归。（张志和《渔歌子·西塞山前白鹭飞》）

　　落花人独立，微雨燕双飞。（晏几道《临江仙·梦后楼台高锁》）

　　竹枝芒鞋轻胜马，谁怕？一蓑烟雨任平生。（苏轼《定风波·莫听穿林打叶声》）

　　薄雷轻雨晓晴初，陌上春泥未溅裾。（苏轼《次韵柳子玉见寄》）

　　自在飞花轻似梦，无边丝雨细如愁。（秦观《浣溪沙·漠漠轻寒上小楼》）

那堪疏雨滴黄昏，更特地、忆王孙。（欧阳修《少年游·栏干十二独凭春》）

小雨纤纤风细细，万家杨柳青烟里。（朱服《渔家傲·小雨纤纤风细细》）

小雨轻柔缓慢，而大雨（暴雨）则大多凶猛迅疾，降雨量大，且常伴随着电闪雷鸣。

有美堂暴雨

[宋]苏 轼

游人脚底一声雷，满座顽云拨不开。

天外黑风吹海立，浙东飞雨过江来。

十分潋滟金樽凸，千杖敲铿羯鼓催。

唤起谪仙泉洒面，倒倾鲛室泻琼瑰。

有美堂，在杭州吴山最高处，左眺钱江，右瞰西湖。诗的大意是：雷声震地，乌云满天，狂风把海水吹得竖立起来，浙东的暴雨吹过钱塘江向这边呼啸奔来；西湖犹如金樽，雨水几乎要满溢而出；雨点敲打湖边山林，如羯鼓般急切。诗人以其雄奇的笔调，极其生动地描述了这次暴雨的壮观景象。

描述大雨的诗词同样俯拾皆是，又如：

天气现象篇

惊风乱飐芙蓉水，密雨斜侵薜荔墙。（柳宗元《登柳州城楼寄漳汀封连四州》）

坐看黑云衔猛雨，喷洒前山此独晴。（崔道融《溪上遇雨二首（其二）》）

早岁独多麦，时雨如倾盆。（苏辙《送王震给事知蔡州》）

骤雨过，珍珠乱撒，打遍新荷。（元好问《骤雨打新荷·绿叶阴浓》）

溪烟一缕起前滩，急雨俄吞四面山。（陆游《湖上急雨》）

风云中夜变，大雨如决渠。（张耒《寓陈杂诗十首（其一）》）

雨，是春天的使者；在夏天，如脱缰的野马；在秋天，如情人间绵绵细语；在冬天，又如沉思的智者。它时而温和从容，时而暴躁粗鲁。雨，是天气现象中最善变的精灵。

雾失楼台，月迷津渡
——漫谈雾的类型及成因

咏 雾

[南朝梁] 萧 绎

三晨生远雾，五里暗城闉。

从风疑细雨，映日似游尘。

乍若飞烟散，时如佳气新。

不妨鸣树鸟，时蔽摘花人。

　　这是梁元帝萧绎所作《咏雾》诗，其中"从风疑细雨，映日似游尘"意思是说，雾在微风吹拂下有如飘飞的细雨，在阳光照射下则如漂浮游动的灰尘，将雾迷蒙湿润、飘忽不定的特点勾勒得颇为生动形象。

　　《尔雅》曰："地气发，天不应，曰雾，雾谓之晦。"意思是说，天地之间互为呼吸，相互协调，然而出于某种神巫也无从得知的原因，从大地发出的云气无法被天穹接收，就形成了雾。雾使大地不清不明。《尔雅》是中国最早的一部解释词义的书，疑为秦汉时人所作，代代相传，各有增益，在西汉时被整理加工而成。古人在对自然科学知之甚少的情况下形成的这种神话式的理解，今天读来倒也新奇有趣。

天气现象篇

江面大雾（蒸发雾） 覃伟霞/摄

那么，雾究竟是怎样形成的呢？

雾是由大量悬浮在近地面空气中的微小水滴或冰晶组成的气溶胶系统，是当近地面层气温低于露点温度（即空气中的水蒸气可凝结为露水的温度）时，过饱和的水汽凝结（或凝华）成水滴（或冰晶）而生成的产物。就物理本质而言，雾与云都是空气中水汽凝结（或凝华）的产物，因此可以说，云是天上的雾，雾是地上的云。

雾为什么通常出现在秋冬季节的早晨或晚上呢？从成因可知，要形成雾必须要有较充沛的水汽（相对湿度一般大于85%），同时近地面气温比较低（低于露点温度），而且有一定的凝结核条件。白天温度比较高，空气中可容纳较多的水汽。但是到了夜间，温度下降了，空气中容纳水汽的能力减小了，一部分水汽就会凝结成为雾。秋冬季节，夜间时间相对较长，地面散热更为迅速，使得地面温度急剧下降，近地面空气中的水汽容易在晚上到早晨达到饱和而凝结成小水珠，形成雾。

雾的种类及其划分依据很多，可以按照水平能见度划分，也可以按照雾形成的过程不同来划分。按水平能见度大小，雾的强度可以划分为5个等级：水平能见度距离为 1 ～ 10 千米的称为轻雾；水平能见度距离低于 1 千米的称为雾；水平能见度距离为 200 ～ 500 米的称为大雾；水平能见度距离 50 ～ 200 米的称为浓雾；水平能见度不足 50 米的雾称为强浓雾。按照雾形成的物理过程不同，雾可分为辐射雾、蒸发雾、平流雾、上坡雾等。

诗词中涉及雾的很多，下面我们结合有关诗词，对它们各自的成因一一进行说明解释。

首先说说辐射雾。辐射雾是由于夜间地表面的辐射冷却而形成的雾，多出现于晴朗、微风、近地面水汽比较充沛且比较稳定或有逆温存在的夜间和早晨。形成这种雾需要天气晴朗，因为在这种天气状况下地面能很快降温，使低层空气中的水汽凝结成雾。为什么又要有微风呢？因为如果是静风，湍流太弱，地面水汽仅限于贴地层，不易上传，也不能形成雾。但如果风力太大，则湍流过强，水汽分散到较高的气层，使低层水汽含量减少，同时又使地面较冷的空气与上层不太冷的空气混合，不利于低层降温，这样也不利于雾的形成。辐射雾是陆地上最常见的雾。

152

菩萨蛮·雾窗寒对遥天暮

[清] 纳兰性德

雾窗寒对遥天暮，暮天遥对寒窗雾。花落正啼鸦，鸦啼正落花。

袖罗垂影瘦，瘦影垂罗袖。风翦（通"剪"）一丝红，红丝一翦风。

新疆禾木辐射雾　蒋国华／摄

纳兰性德是康熙朝太傅、大学士明珠长子，生长在北京。纳兰词长于情也深于情。该词以"回文"的艺术形式，通过"寒窗雾""暮天""落花""啼鸦""袖罗""影瘦""一丝红""一翦风"等凄冷萧瑟意象的回环往复，将作者绵延无尽的愁绪铺陈得一览无余。

我的故乡岳阳乃"三湘四水"之地，秋冬季节雾多且浓（以辐射雾居多）。记得上中学时，秋天的一天早上，浓雾迷漫，20 米外已不可见，只得弃用自行车步行近 5 千米上学。到校时，眉毛和额前头发上都挂着不少小雾珠，同学间或相互逗笑，或相顾莞尔。这样浓的大雾生平仅遇此一次，所以至今记忆犹新。

蒸发雾是指冷空气流经温暖水面，如果气温与水温相差很大，则因水面蒸发大量水汽，在水面附近的冷空气便发生水汽凝结成的雾。这时雾层上往往有逆温层存在，空气上热下冷，无法形成对流，否则雾会消散。所以蒸发雾范围小、强度弱，一般发生在秋冬季节的江、河、湖面上。

苏幕遮·怀旧

[宋]范仲淹

碧云天，黄叶地，秋色连波，波上寒烟翠。山映斜阳天接水，芳草无情，更在斜阳外。

黯乡魂，追旅思，夜夜除非，好梦留人睡。明月楼高休独倚，酒入愁肠，化作相思泪。

广西桂林龙脊梯田辐射雾 吴卫平 / 摄

江面大雾（蒸发雾）　覃伟霞/摄

　　范仲淹是宋朝一代名臣，又是词中高手。碧云、黄叶、绿波、翠烟、远山、斜阳、明月、高楼，构成一幅十分开阔的画面，将羁旅思乡之情表达得别有悲壮之气，历来为人所称道。元代王实甫《西厢记》第四本第三折《长亭送别》中的《正宫·端正好》云："碧云天，黄花地，西风紧，北雁南飞。晓来谁染霜林醉，总是离人泪。"便是由此转化而成。"波上寒烟翠"中"烟"即是雾，这里是平流雾。古人常以烟代雾，如唐代崔颢《黄鹤楼》：

黄鹤楼

[唐]崔　颢

昔人已乘黄鹤去，此地空余黄鹤楼。

黄鹤一去不复返，白云千载空悠悠。

晴川历历汉阳树，芳草萋萋鹦鹉洲。

日暮乡关何处是？烟波江上使人愁。

　　黄鹤楼在湖北武汉，与湖南岳阳楼、江西滕王阁并称江南三大名楼。黄鹤楼题材的诗词曲赋可谓不胜枚举，但此诗一出，立即成为题黄鹤楼之绝唱。相传诗仙李白登此楼时，在楼中见到崔颢此诗时，艳羡不已，随口吟了一首打油诗"一拳捶碎黄鹤楼，一脚踢翻鹦鹉洲。眼前有景道不得，崔颢题诗在上头"，便扬长而去。

　　古人不但以烟代雾，还经常烟雾连用，如"阴岑宿云归，烟雾湿松柏"（王昌龄《风凉原上作》），"青帐吹短笛，烟雾湿画龙"（李贺《平城下》）等。

　　平流雾是当暖湿空气平流到较冷的下垫面上，下部冷却而形成的雾。平流雾和空气的水平流动是分不开的，持续有风，雾才会持续长久；如果风停下来，暖湿空气来源中断，雾很快就会消散。乍暖还寒的早春时节，南方洋面上大量的暖湿气流向北挺进，途经较冷的地区时，会形成大范围的平流雾。北宋著名婉约派词人秦观于绍圣四年（公元 1097 年）

因坐党籍连遭贬，路上客居湖南郴州苏仙岭下的旅舍，有感于自己悲惨的命运，乃作《踏莎行·郴州旅舍》：

踏莎行·郴州旅舍

［宋］秦　观

　　雾失楼台，月迷津渡，桃源望断无寻处。可堪孤馆闭春寒，杜鹃声里斜阳暮。

　　驿寄梅花，鱼传尺素，砌成此恨无重数。郴江幸自绕郴山，为谁流下潇湘去？

　　"雾失楼台，月迷津渡"两句，准确地勾勒出月下雾中楼台、津渡的模糊，又恰当、确切地表达出作者无限凄楚难言的心绪。该词是秦少游的代表作之一，词成之后，秦少游将其寄给了苏东坡。秦少游死后，苏东坡在其词后写下了"少游已矣！虽万人何赎？"的跋语。后来被大书法家米芾一并写在扇面上，流传到郴州。郴州人为了纪念秦少游，就把"秦词、苏跋、米书"刻在苏仙岭的崖壁之上，史称"三绝碑"。郴山是指郴州苏仙岭，郴江在苏仙岭下。苏仙岭上"三绝碑"至今尤在，已成为全国著名的旅游景点之一。

　　郴州地处南岭，又正当回南天时节，个人猜想，少游所遇当属平流雾。

清远大雾（平流雾） 蒋国华/摄

上坡雾是湿润空气流动过程中沿着山坡上升时，因绝热膨胀冷却而形成的雾。所谓绝热膨胀，是指与外界没有热量交换的膨胀过程。上坡雾多见于山中。

望庐山瀑布

[唐]李 白

日照香炉生紫烟，遥看瀑布挂前川。

飞流直下三千尺，疑是银河落九天。

天气现象篇

这是诗人五十岁左右隐居庐山时写的一首风景诗，这首诗形象地描绘了庐山瀑布雄奇壮丽的景色，反映了诗人对祖国大好河山的无限热爱和赞美。庐山在江西省九江市，是我国著名的风景区。"香炉"即香炉峰，位于庐山西北，因形似香炉且山上经常云雾缭绕而得名。"日照香炉生紫烟"，水汽上升，遇冷成雾，在阳光的照射下，香炉峰顶上冉冉升起紫色的烟雾。

山中多云雾。黄山的"奇松、怪石、云海"被称为自然风光中的"黄山三绝"，亦称作"黄山三奇"。如果从"云是天上的雾，雾是地上的云"上理解，黄山"云海"由于接近地面，或者叫"雾海"更为准确些吧。

小隐隐于野，大隐隐于市。高山之巅，云雾之中，自然是理想的隐居之所。

寻隐者不遇

[唐] 贾 岛

松下问童子，言师采药去。
只在此山中，云深不知处。

前面说到，一般秋冬季节早晚多雾，但细心的读者可能在日常生活中发现，相对于晚上，早晨出现雾的概率更大些，而且也更浓些。这是因为，一般情况下，一天之中最低温度大约出现在早上日出前后。

上坡雾（黄山） 邓洁／摄

天气现象篇

行舟值早雾

[南朝梁]伏 挺

水雾杂山烟，冥冥不见天。

听猿方忖岫，闻濑始知川。

渔人惑澳浦，行舟迷溯沿。

日中氛霭尽，空水共澄鲜。

伏挺存诗仅此一首，但此诗写景写情都十分出色，在咏雾作品中堪称佼佼者。"水雾"应是蒸发雾，"山烟"应是上坡雾。"渔人惑澳浦，行舟迷溯沿"，尽管渔家轻车熟路，港湾近在咫尺，但大雾弥漫之中却也茫然无措。可见当时雾之浓。

大概与雾生成的季节有关吧，"枯藤老树昏鸦"的秋冬时节，在"悲秋"的传统文化下，加之雾因朦胧缥缈的特性所赋予的难以把握的意象，与雾有关的诗词，多苍凉沉郁之语。当然，也有轻快的。

浣溪沙·江村道中

[宋]范成大

十里西畴熟稻香，槿花篱落竹丝长，垂垂山果挂青黄。

浓雾知秋晨气润，薄云遮日午阴凉，不须飞盖护戎装。

这首词以清丽细致的笔触，精美流畅的语言，描绘了秋季的自然景色，表达了诗人热爱田园风光的感情。"浓雾知秋"说明秋季多雾，"晨气润"说明浓雾时空气中饱含水分。

清远北江混合雾（蒸发雾与平流雾的混合）　蒋国华／摄

"江边日出红雾散"（苏轼《犍为王氏书楼》），当太阳渐高，气温随之升高时，空气的饱和度增大，雾中的微小水滴重新蒸发为水汽，便云开雾散了。这是雾消散的常见形式。另外，如果风速加大，雾也会被风吹散，或者被抬升成云。

可怜九月初三夜，露似真珠月似弓
——漫谈露的成因及特点

暮江吟

[唐]白居易

一道残阳铺水中，半江瑟瑟半江红。

可怜九月初三夜，露似真珠月似弓。

　　这首《暮江吟》是白居易约于唐代长庆二年（公元 822 年）在赴任杭州刺史途中的江畔随口吟成的。当时朝政昏暗，牛李党争激烈，白居易谙尽朝官的滋味，自求外任。诗人通过残阳、江水、露、月等视觉形象的描写，创造出十分和谐、宁静的意境，信手拈来，浑然天成，表达了诗人格外轻松愉快的心情。宋代陆游有"文章本天成，妙手偶得之"（陆游《文章》）两句，白居易的这首《暮江吟》可得此等评语。"可怜九月初三夜，露似真珠月似弓"两句既告诉了我们露珠出现的季节、时间，又将露珠的圆润以及露珠在新月的清辉下闪烁的光泽描绘得如在眼前。

露是圆形的

咏露珠

[唐]韦应物

秋荷一滴露，清夜坠玄天。

将来玉盘上，不定始知圆。

诗的大意是：秋天的夜里，一滴露从苍穹掉在荷叶上，由于露珠在荷叶上滚来滚去，才知道它是圆形的。

露出现的季节与时间

在温暖季节的夜间或清晨，路边的草，树叶及农作物上，经常可以看到晶莹剔透的水珠，气象上称之为露。因其形多呈圆珠状，所以又俗称"露珠"。形成露的有利天气条件是天空无云或只有很薄的高云（5 千米以上）而且有微风。这时，地面以辐射方式放出热量，地面温度逐渐下降，当温度下降到一定的时候（在气象上称为露点温度），空气中的水汽达到过饱和状态，水汽就会逐渐凝结在较冷物体表面（如草叶上），于是便出现了露。露的形成原因和过程与霜一样，只不过它形成时的温度在 0 ℃以上，而霜形成时的温度在 0 ℃以下。

荷叶上的露珠　吴卫平/摄

露是常见的天气现象之一，《诗经》中就有不少诗歌提到露：

诗经·郑风·野有蔓草

[先秦]无名氏

野有蔓草，零露漙兮。　有美一人，清扬婉兮。

邂逅相遇，适我愿兮。　野有蔓草，零露瀼瀼。

有美一人，婉如清扬。　邂逅相遇，与子偕臧。

花朵上的露珠　吴卫平／摄

　　这是一首求爱的情歌，描写一个男青年在蔓草青青、露珠晶莹的田野，偶然遇见了一位漂亮的姑娘，她有着一双水汪汪的眼睛，小伙子为她的美丽着了迷，马上向她倾吐了爱慕之情。这种求爱方式的原始、直接和大胆，反映了当时的婚姻习俗——男女结合是非常直率朴实的。我们可以从《野有蔓草》的诗句中推断故事发生的季节，就是因为故事的场景中有"露"。

　　露主要出现在夏末初秋，很多诗词，直接或间接地点出了露出现的季节。

鹊桥仙·纤云弄巧

[宋] 秦 观

纤云弄巧，飞星传恨，银汉迢迢暗度。金风玉露一相逢，便胜却人间无数。

柔情似水，佳期如梦，忍顾鹊桥归路。两情若是久长时，又岂在朝朝暮暮。

该词以牵牛、织女的爱情神话故事开篇，以歌颂了人间纯洁美好的爱情结尾，一改"欢娱苦短"的传统主题，对虽处两地但坚贞不渝的爱情大加赞誉，立意高远，是历代爱情诗词中的精品之一。尤其以"两情若是长久时，又岂在朝朝暮暮"两句传诵不衰，成为最经典的爱情告白。然而我更喜欢"金风玉露一相逢，便胜却人间无数"这两句，上中学第一次接触到这首词时，就被深深吸引、深深打动了。不过，个人理解，"金风""玉露"并不单一说明季节（秋季），还分别代表男（牛郎）女（织女）双方，他们一年之中只有七夕晚上才有一次短暂的相聚，却远远胜过尘世间那些貌合神离的夫妻。况且"玉露"清晨即逝，暗示他们相聚之后马上就要分离。这种理解，或许牵强，有点像某些流行歌曲如《你是风儿我是沙》模式，但风和沙哪有金风与玉露那样让人更觉冰清玉洁，更富诗情画意呢！

蝶恋花·槛菊愁烟兰泣露

[宋] 晏 殊

槛菊愁烟兰泣露，罗幕轻寒，燕子双飞去。明月不谙离恨苦，斜光到晓穿朱户。

昨夜西风凋碧树，独上高楼，望尽天涯路。欲寄彩笺兼尺素，山长水阔知何处。

"槛菊愁烟兰泣露"的意思是，栏杆外的菊花笼罩着轻雾，好像含愁脉脉，兰叶上挂着露珠，好像在暗暗啜泣。该词中最广为传唱的当属"昨夜西风凋碧树。独上高楼，望尽天涯路"三句。清末民初国学大师王国维在其著作《人间词话》中说："古今之成大事业、大学问者，必经过三种之境界——'昨夜西风凋碧树，独上高楼，望尽天涯路'，此第一境也；'衣带渐宽终不悔，为伊消得人憔悴'，此第二境也；'众里寻他千百度，蓦然回首，那人却在灯火阑珊处'，此第三境也。"晏殊以"昨夜西风凋碧树，独上高楼，望尽天涯路"表达不见所思的空虚怅惘，王国维慧眼独具，将此句解成做学问、成大事业者首先要有执着的追求。站在气象的角度，则"西风凋碧树"表明词中所提到的露出现在秋季。在古诗词中，秋风常作西风，如"莫道不消魂，帘卷西风，人比黄花瘦"（李清照《醉花阴·薄雾浓云愁永昼》），"谁念西风独自凉，萧萧黄叶闭疏窗"（纳兰性德《浣溪沙·谁念西风独自凉》）。"东风"

则多指春风，如"东风随春归，发我枝上花"（李白《落日忆山中》），"等闲识得东风面，万紫千红总是春"（朱熹《春日》）等。

露最常出现在夏末初秋，但只要有露形成的适当条件，其他季节如春季，一样也会形成露。

长歌行

[汉]无名氏

青青园中葵，朝露待日晞。

阳春布德泽，万物生光辉。

常恐秋节至，焜黄华叶衰。

百川东到海，何时复西归。

少壮不努力，老大徒伤悲。

这是一首咏叹人生的诗歌，其中"少壮不努力，老大徒伤悲"是劝勉珍惜时光的名句。"青青园中葵"之"葵"并不是我们常见的向日葵，而是葵菜。向日葵原产北美洲，约在明朝时引入中国，所以明朝以前的古诗词中，"葵"多应指葵菜。葵菜又名冬葵，民间称冬苋菜或滑菜，是古代重要的蔬用植物，最早记载于《诗经·豳风·七月》："七月烹葵及菽。"李时珍在《本草纲目》说："古者葵为五菜之主。"元代农学家王帧在其著作《农书》中说："葵为百菜之主，备四时之馔，可防荒俭，可以菹腊，其根可疗疾。"葵菜现多为野生，少有种植。按收获季节分春葵、秋葵和冬葵，诗中当指春葵。

露一般在夜间形成，日出以后，温度升高，露就会蒸发消失。

诗经·小雅·湛露
[先秦] 无名氏

湛湛露兮，匪阳不晞。厌厌夜饮，不醉无归。

湛湛露斯，在彼丰草。厌厌夜饮，在宗载考。

湛湛露斯，在彼杞棘。显允君子，莫不令德。

其桐其椅，其实离离。岂弟君子，莫不令仪。

这是一首描写贵族们举行宴会尽情饮乐场景的诗。"湛湛"指露水浓重的样子，"匪阳不晞"是说夜露不见到朝阳就决不蒸发。"湛湛露兮，匪阳不晞"与《长歌行》中"朝露待日晞"意思相近。

露是降水的一种形式

气象上，把地面从大气中获得的水汽凝结物，总称为降水，它包括两部分，一是由空中降落到地面上的水汽凝结物，如雨、雪、冰雹和雨凇等，称为垂直降水；另一部分是大气中水汽直接在地面或地物表面及低空的凝结物，如霜、露、雾和雾凇，称为水平降水。东汉王充在其著作《论衡》中说："云雾，雨之徵也，夏则为露，冬则为霜，温则为雨，

天气现象篇

晨露　吴卫平/摄

寒则为雪，雨露冻凝者，皆由地发、不从天降。"可见，古人早就意识到降水有不同形式了。不过，中国气象局《地面气象观测规范》规定，降水量仅指的是垂直降水。尽管如此，露是降水的一种形式，这是无疑的，所以露又俗称"露水"。

露水对农业生产是有利的。夏末秋初，我国大部分地方已进入季节性少雨甚至干旱季节，特别是我国北部地区，日间蒸发大，农作物的叶片有时白天被晒得卷缩发干，但是由于夜间有露的滋润，叶子又很快恢复了原状。《吕氏春秋·贵公》："天下非一人之天下也，天下之天下也。阴阳之和，不长一类；甘露时雨，不私一物；万民之主，不阿一人。"将露誉为"甘露"，并将之与"时雨"并列，可见露水的"润物细无声"（杜甫《春夜喜雨》）是深得人心的。

气象上，我国将当日20时（北京时）到次日20时出现大于或等于0.1毫米的降水日统计为一个雨日。一次夜间露水相当于0.1～0.3毫米的降水量。杜甫有"草露亦多湿"（《独立》）之感，骆宾王有"露重飞难进"（《在狱咏蝉》）之叹，可见，露水虽然有限，却也并非无迹可寻。但一次露水究竟有多少呢？我们可以通过一些诗词进一步了解。

玉阶怨

[唐]李　白

玉阶生白露，夜久侵罗袜。

却下水精帘，玲珑望秋月。

草尖上的露珠　吴卫平／摄

　　《玉阶怨》属乐府中的《相和歌·楚调曲》，从现存歌辞的实际内容看，都是专门写宫怨的乐曲。李白这一首也是一首闺怨诗，描写一位女子无言独立空阶出神，不知不觉中，夜已经深了，冰凉的露水打湿了罗袜，所以便转身回到了屋内，把水晶窗帘放下来，但仍然不肯入睡，而是执着地望着帘外那一轮皎洁的月亮，继续出神。露水虽轻，不易被人察觉，但寸积铢累，却也能浸湿厚厚的罗袜。

关于时光的感叹

庄子说，"人生天地之间，若白驹之过隙，忽然而已"。露来去悄然无息，所以有时在诗人的笔下，露也是时光易逝的象征。

短歌行

[东汉] 曹 操

对酒当歌，人生几何？譬如朝露，去日苦多。

慨当以慷，忧思难忘。何以解忧？唯有杜康。

青青子衿，悠悠我心。但为君故，沉吟至今。

呦呦鹿鸣，食野之苹。我有嘉宾，鼓瑟吹笙。

明明如月，何时可掇？忧从中来，不可断绝。

越陌度阡，枉用相存。契阔谈宴，心念旧恩。

月明星稀，乌鹊南飞，绕树三匝，何枝可依？

山不厌高，海不厌深。周公吐哺，天下归心。

是啊，人生短暂得如同清晨的露水一样，在阳光的照耀下便倏尔不见，引人伤时感世，英雄豪杰如曹操者概莫能外。明日复明日，明日何其多，我生待明日，万事成蹉跎！曹操毕竟是一代枭雄，尽管时光易逝，但他的"忧思"却是苦于得不到众多的贤才来同他一道抓紧时间建功立业，所以他接着唱道："青青子衿，悠悠我心。但为君故，沉吟至今。"像曹操的其他政治性很强的诗作一样，这首诗主要是他当时渴求实现政治理想的一种曲折反映。据三国志记载，曹操十分强调"唯才是举"，为此先后颁布三次"求贤令"。《短歌行》实际上就是一曲"求贤歌"，又因为运用了诗歌的形式，含有丰富的抒情成分，有很强的感染力，有力地宣传了他所坚持的主张，配合了他所颁发的政令。

露是苍穹给大自然的恩泽，它引人伤时感世，也告诉我们应该珍惜光阴。或许正因如此，才引得历代文人墨客不吝笔墨留下那么多关于露的脍炙人口的篇章吧！

鸡声茅店月，人迹板桥霜
——漫谈霜的类型及成因

商山早行

[唐]温庭筠

晨起动征铎，客行悲故乡。

鸡声茅店月，人迹板桥霜。

槲叶落山路，枳花明驿墙。

因思杜陵梦，凫雁满回塘。

　　这首《商山早行》是唐代著名诗人温庭筠在一个春寒料峭的早上离开长安时所作。商山，也叫楚山，在今陕西商县东南。杜陵，在今陕西西安东南，古为杜柏国，秦制杜县，汉宣帝筑陵于东原上，因名杜陵。温庭筠幼时随家客游江淮后定居于鄠（今陕西省西安市鄠邑区）郊野，靠近杜陵，所以他自称"杜陵游客"。"鸡声茅店月，人迹板桥霜"，诗人清晨离开客栈启程之时，听到雄鸡啼鸣之声，看到一轮残月悬于天空，铺满银霜的店前木板小桥上，已经留下行人依稀可见的足迹。"槲叶落山路，枳花明驿墙"，"槲叶"凋零，"枳花"盛开，是诗人早行路上之所见，说明节令是在早春。

霜　王修筑/摄

天气现象篇

霜的成因及地理分布

霜是常见的天气现象之一。寒冷季节的夜晚或清晨，气温很低，特别是在少云、微风的夜晚，贴近地面的空气受地面辐射冷却的影响而降温到 0 ℃以下时，空气中的水汽在地面或物体上直接凝华成白色冰晶，这种结晶，气象上称之为"霜"。

霜在夜晚形成，是因为这个时间段地面辐射冷却最快。天空晴朗少云，如同盖在地面的被子（厚云）被揭开了，利于散热，地面气温能降至 0 ℃以下。最好是微风，因为空气在缓慢流过冷物体表面时，不断地供应着水汽，有利于霜的形成。如果风大，空气流动得很快，接触冷物体表面的时间就会太短，且风大的时候，上下层的空气容易互相混合，不利于温度降低，也会妨碍霜的形成。

霜的形成，不仅和当地的气候和当时的天气条件有关，而且和地面物体的属性有关。霜是在辐射冷却的物体表面上形成的，所以物体表面越容易辐射散热并迅速冷却，就越容易形成霜。表面粗糙的物体要比表面光滑的更有利于辐射散热，所以表面粗糙的物体上更容易形成霜。路边的草叶、树木、农作物、泥土以及瓦屋上可以常见到霜，即是这个原因。

我国幅员辽阔，地形复杂，各地气候差异大，因此各地初、终霜日及霜期长度差异也十分明显。初霜是指秋季出现的第一次霜。二十四节气中有"霜降"这一节气，在公历 10 月 23 日或 24 日，太阳位于黄经

210°时，是秋季的最后一个节气，含有天气渐冷、开始降霜的意思，即指初霜。终霜则是指每年冬末春初最后一次出现的霜。一般来说，初霜出现在秋季，终霜出现在春季。

总体而言，我国各地的初霜是由北向南、自高山向平原逐渐出现的。东部地区初霜日期由北向南逐渐推迟，呈带状分布。其中东北北部、大兴安岭、小兴安岭地区初霜出现在9月中旬之前。9月中旬之后至10月中旬，东北南部、内蒙古中部、华北开始出现初霜。10月中旬至11月中下旬，长江流域逐渐开始出现初霜。而长江上游的四川盆地，直到12月份才出现初霜，比周围地区晚了将近一到两个月，这可能与四川盆地特殊的地形有关。华南和海南为最晚出现初霜的地区。青藏高原地区和西北地区，由于受地形和海拔高度的影响，初霜出现的日期相对东部地区偏早，特别是青藏高原地区，7月就已经有初霜出现，是最早出现初霜的地区。之后，新疆北部以及陕西、甘肃、宁夏等地开始出现初霜(9—10月)。

霜期是指初霜日至终霜日的日数，常用于表示一个地区出现霜的时间长短。我国霜期长(短)的地区与初霜日期早(晚)、终霜日期晚(早)的地区非常一致，自北向南、自高山向平原依次缩短。青藏高原、内蒙古北部和黑龙江北部是我国霜期最长的地区，霜期长达240天以上，其中部分地区终年有霜；华北、西北地区和黄河流域霜期为160天到240天；长江中下游地区的霜期为120天到160天；长江以南到南岭

地区霜期为 80 天到 120 天；而四川东部、东部沿海、两广地区、云南南部及福建南部霜期都在 80 天以下；华南沿海霜期不足 40 天；海南岛地区霜期最短，部分地区终年无霜。

霜出现的季节

霜一般出现在深秋、冬季和初春，且冬季较多，春、秋两季次之，夏季只在终年有霜的地区才会出现。

诗经·小雅·正月（节选）

[先秦] 无名氏

正月繁霜，我心忧伤。

民之讹言，亦孔之将。

念我独兮，忧心京京。

哀我小心，瘒忧以痒。

《正月》描写西周末年政治黑暗，揭露了朝廷的昏庸腐败与残暴，表达了诗人对王朝沦落的哀惋、对国事民生的忧虑，也对自己的孤独无助无可奈何。诗中正月是指周历六月，夏历四月。夏历四月，已是暮春，此时霜天繁多，当为气候之反常，有如"六月飞雪"，喻国事的反常无道。

草地上的霜　李书桂／摄

天气现象篇

前面两首诗提及的"霜"都是春季出现的，下面，我们结合一些诗词谈谈秋季和冬季出现的霜。

渔家傲·秋思

［宋］范仲淹

塞下秋来风景异，衡阳雁去无留意。四面边声连角起。千嶂里，长烟落日孤城闭。

浊酒一杯家万里，燕然未勒归无计，羌管悠悠霜满地。人不寐，将军白发征夫泪。

1038 年西夏元昊称帝后，连年侵宋，宋军一败再败。康定元年（公元 1040 年），"腹中有数万甲兵"的范仲淹自越州（今浙江绍兴）改任陕西经略副使兼知延州（今陕西延安）。该词表现了边地的荒寒和将士的劳苦，流露出年老无功、乡关万里的怅恨心声，同时该词慷慨悲壮，表现了抵御外患、报国立功的壮烈情怀，一改花间派词风，开苏辛豪放词之先声。

雁是候鸟，每逢秋季，北方的大雁结队飞向南方避寒。古代传说，大雁南飞，到衡阳即止，湖南衡山的回雁峰即因此而得名。燕然，山名，即杭爱山，在今蒙古人民共和国境内。汉和帝永元元年（公元 89 年），东汉窦宪大破北匈奴，穷追北单于三千余里，至燕然山刻石记功而还。

羌管，即羌笛，是古代西部羌族的一种乐器，发声凄切悲凉。"塞下秋来风景异，衡阳雁去无留意"，点明地点是在塞外，时令是在秋季；"浊酒一杯家万里，燕然未勒归无计，羌管悠悠霜满地。人不寐，将军白发征夫泪"，表明霜形成于晚上。

霜在夜晚形成，清晨可见，上午一般就会消失，但如果霜特别重的话，可以维持到中午，甚至可以维持一整天，特别是又恰好在阴凉处时。

冬至霜晴

［宋］杨万里

油帘雪白日华红，老子良图策俊功。

自晒绵裘并衲裤，谁知衣桁是薰笼。

绝怜寒菊枯根底，留得残霜过日中。

旧说冬乾年定湿，试将今岁试南翁。

"绝怜寒菊枯根底，留得残霜过日中"，诗人冬至这天在菊花枯根旁看到的霜看来特别重，晴朗天气下到了中午还没有完全融化掉。

霜的消失有两种方式，一种是升华为水汽，一种是融化成水。最常见的是日出以后因温度升高而融化消失。

明发房溪二首（其二）

[宋]杨万里

青天白日十分晴，轿上萧萧忽雨声。

却是松梢霜水落，雨声那得此声清？

　　这首诗写松梢霜水的清韵，是诗人于淳熙七年（公元1180年）赴广州提举广东常平茶盐任途中所作。前两句写晴朗天气下听到滴雨声，后两句对前面的奇怪现象做了解答。那哪里是什么雨声啊，而是松梢凝霜在太阳升起融化后滴落的霜水声，雨水滴落的声音哪有这般清韵？

霜的种类

　　按霜的表现形式，可以分成三类。在地面和物体表面上由水汽凝结成的白色结晶叫"白霜"，即我们平常所说的霜，前面几首诗词中的霜均属此类。有的时候，由于近地面空气中水汽含量少，地面虽然没有结霜，但是地面温度已经降到0℃以下，仍旧给农作物带来冻害，这种现象称为"黑霜"或者"暗霜"。这种霜眼睛是没法看到的，只有通过气象站的地面温度观测数据来判断。人们平常所说的"霜气"，大概是对"黑霜"天气的一种表述，如"鸡鸣夜过半，霜气入孤衾"（仇远《枕上》），"月落乌啼霜满天，江枫渔火对愁眠"（张继《枫桥夜泊》）等。另外，有时水汽在近地面的物体上先凝结成露水，此时气温高于0℃，当气温继续下降到 0 ℃以下后，又形成冰珠，称为"冻露"，也是霜的一种形式。

诗经·秦风·蒹葭

[先秦]无名氏

蒹葭苍苍，白露为霜。所谓伊人，在水一方。溯洄从之，道阻且长。溯游从之，宛在水中央。

蒹葭凄凄，白露未晞。所谓伊人，在水之湄。溯洄从之，道阻且跻。溯游从之，宛在水中坻。

蒹葭采采，白露未已，所谓伊人，在水之涘。溯洄从之，道阻且右。溯游从之，宛在水中沚。

这是一首传诵很广、影响很深的爱情诗。该诗通过夜里白露转为霜晶的变化，暗示青年男子伫立在河边思念对岸情人的时间很长。全诗情景交融，委婉动人。"蒹葭苍苍，白露为霜"，意思是说，深秋已来临，水边的芦苇还十分茂盛，由于天气寒冷，叶上的白色露珠，已凝结成霜晶。

按成因，霜也可以分成三类：晴朗微风的夜晚，因辐射冷却形成的霜称为"辐射霜"，冷空气入侵形成的霜称为"平流霜"，辐射和平流两种过程综合作用下形成的霜冻称为"平流辐射霜"。"辐射霜"和"平流辐射霜"较为常见，"平流霜"则比较少见，因为冷空气入侵时，气压梯度大，风力也大，会妨碍霜的形成。但是，如果冷空气强度够强，

能使气温骤降至足够低，且过境时天气晴朗（气象上称为干冷过程），即使风力比较大，也可能出现霜。

杂 诗

[魏晋] 左 思

秋风何冽冽，白露为朝霜。

柔条旦夕劲，绿叶日夜黄。

明月出云崖，皦皦流素光。

披轩临前庭，嗷嗷晨雁翔。

高志局四海，块然守空堂。

壮齿不恒居，岁暮常慨慷。

最后，我们谈谈霜与霜冻的区别。人们经常将霜和霜冻混为一谈，其实它们完全是两个不同的概念。简单地说，霜是一种天气现象，而霜冻则是一种农业气象灾害。霜本身对农作物并无直接影响，但由于出现霜时气温很低，而低温却会引起农作物冻害。虽然霜、霜冻形成的主要原因均是降温，但发生霜冻时不一定出现霜，出现霜时也不一定发生霜冻。举例说，"霜打的茄子——蔫了"这句歇后语常用来形容一个人经历挫折后精神萎靡不振，但从茄子蔫了这一物理现象来说，使其蔫了的并不是霜，而是霜冻——低温下，茄子里的水分快速流失，变得软塌塌的。

雪中的晷　赵任义/摄

北风其凉，雨雪其霏
——漫谈雪的成因及特点

雪花的基本形状及颜色

　　下雪是一种很常见的天气现象，人们很早就发现雪花为六角形的形状。西汉韩婴《韩诗外传》曰："凡草木花多五出，雪花独六出。"花分瓣叫"出"，雪花六角，因而称为"六出"。"六出"是雪花的别称之一，古人经常使用，如"一枝方渐秀，六出已同开"（元稹《赋得春雪映早梅》），"六出飞花入户时，坐看青竹变琼枝"（高骈《对雪》），"愁云残腊下阳台，混却乾坤六出开"（姚合《咏雪》），"门前六出花飞，樽前万事休提"（白朴《天净沙·冬》）等。

瑞雪　佚名 / 摄

　　雪是白色的。"藐姑射之山，有神人居焉，肌肤若冰雪"（《庄子·内篇·逍遥游》），肌肤如冰雪，在我看来，这应该是对一个女子肌肤白皙润滑有光泽最贴切的赞美了。

雪出现的季节

　　《释名》曰："雪，绥也，水下遇寒而凝，绥绥然下也。"雪是大气中的水汽遇冷，急剧凝华而成的白色冰晶，落到地面仍然是雪花时，就是下雪了。所谓凝华，就是物质不经过液态直接从气态变为固态的现象。下雪是在必要的天气条件下出现的，一是温度足够低，一般应在 0 ℃ (冰点) 以下，二是要有充分的水汽，三是空气里需含有较冷的冰晶核。

我国幅员辽阔，纬度跨度大，地形复杂，气候差异大，"南国无霜霰，连年见物华"（宋之问《经梧州》），而"北国风光，千里冰封，万里雪飘"（毛泽东《沁园春·雪》）。大体而言，我国降雪出现在大约北回归线以北地区，时间一般在深秋、冬季和早春。下面我们结合一些诗词分别谈谈冬季、秋季和春季出现的雪。

诗经·邶风·北风

[先秦] 无名氏

北风其凉，雨雪其雱。

惠而好我，携手同行。

其虚其邪？既亟只且！

北风其喈，雨雪其霏。

惠而好我，携手同归。

其虚其邪？既亟只且！

莫赤匪狐，莫黑匪乌。

惠而好我，携手同车。

其虚其邪？既亟只且。

《诗经·邶风·北风》是一首反映一群贵族相呼同伴乘车去逃亡的诗。北风与雨雪，是兴体为主，兼有比体，说明了逃亡是在一个风紧雪盛的冬季，也暗示了当时局势之恶劣。

白雪歌送武判官归京

[唐] 岑　参

北风卷地白草折，胡天八月即飞雪。

忽如一夜春风来，千树万树梨花开。

散入珠帘湿罗幕，狐裘不暖锦衾薄。

将军角弓不得控，都护铁衣冷难着。

瀚海阑干百丈冰，愁云惨淡万里凝。

中军置酒饮归客，胡琴琵琶与羌笛。

纷纷暮雪下辕门，风掣红旗冻不翻。

轮台东门送君去，去时雪满天山路。

山回路转不见君，雪上空留马行处。

唐玄宗天宝十三载（公元 754 年），诗人第二次出塞，任西安北庭节度使封常清的判官（节度使的僚属），武判官是其前任，诗人在轮台（今新疆维吾尔自治区米泉县境内）送他归京（唐代都城长安）而写下此诗。"北风卷地白草折，胡天八月即飞雪"，北风席卷大地吹折衰草，八月（农历）塞北就开始大雪纷飞了。"八月"表明时在仲秋。我国秋季降雪主要出现在北方，南方基本不会出现。"北风卷地白草折"，说明这次降雪是强冷空气影响下出现的。冷空气过境时，温度急剧下降，不但能使水汽凝华成冰晶，而且还能使雪花降落到地面时不至融化成雨。

这首诗虽为雪天送客之作，但内涵丰富宽广，色彩瑰丽浪漫，气势大气磅礴，意境鲜明独特，具有极强的艺术感染力，堪称盛唐边塞诗的压卷之作。其中"忽如一夜春风来，千树万树梨花开"是千古传诵的名句，后来多有用其意者。

春 雪

[唐]韩 愈

新年都未有芳华，二月初惊见草芽。
白雪却嫌春色晚，故穿庭树作飞花。

诗的大意是：新年（农历正月初一）都已来到，但还看不到芬芳的鲜花，到二月（农历），才惊喜地发现有小草冒出了新芽，白雪也嫌春色来得太晚了，所以有意化作花儿在庭院树间穿飞。

下雪一般出现在寒冷的季节，但也有例外，如"六月飞雪"。元代关汉卿剧作《窦娥冤》中，窦娥被斩之后，"血溅白绫，六月飞雪，三年大旱"，以此说明窦娥有着天大的冤屈。此为戏说，不足采信。近些

年来有不少关于"六月飞雪"的报道。2005年5月5日，正值立夏，北京门头沟部分地区飘起了一场鹅毛大雪；2005年7月30日中午12时50分左右，南京秦淮区，在一阵狂风后飘了一阵几分钟的雪花，雪后下起了暴雨和冰雹……产生"六月飞雪"的气象原因是，如果夏季高空有较强的冷平流，冷暖气流交锋剧烈，则会产生强降雨，一旦气流突然将含有冰晶或雪花的低空积雨云拉向地面，便会在小范围内出现短时间飘落雪花的奇观。

雪的大小

雪的大小，分两种情况。一种是指单个雪花的大小，另一种是指积雪量或积雪深度。气象上，常用第二种表述。我们先谈谈第一种情况。

咏　雪

[南朝梁] 吴　均

微风摇庭树，细雪下帘隙。

萦空如雾转，凝阶似花积。

不见杨柳春，徒见桂枝白。

零泪无人道，相思空何益。

吴均是南朝梁时期的文学家和诗人，诗文自成一家，长于描写山水景物，称为"吴均体"，中学课本中《与朱元思书》便是其代表作。这首诗以咏雪为题，实际上是观雪感怀。"萦空如雾转，凝阶似花积"意思是说，那细细的雪花随微风漫舞，好像空中飘转着的雾，凝积在台阶之上，又如花一般美丽。雪而似雾，可见其细小。

北风行

[唐] 李　白

烛龙栖寒门，光耀犹旦开。

日月照之何不及此？唯有北风号怒天上来。

燕山雪花大如席，片片吹落轩辕台。

幽州思妇十二月，停歌罢笑双蛾摧。

倚门望行人，念君长城苦寒良可哀。

别时提剑救边去，遗此虎文金鞞靫。

中有一双白羽箭，蜘蛛结网生尘埃。

箭空在，人今战死不复回。

不忍见此物，焚之已成灰。

黄河捧土尚可塞，北风雨雪恨难裁。

燕山在今河北蓟县东南，这里泛指我国北方。轩辕台遗址在今河北怀来县乔山上。这是一首乐府诗，拟鲍照《北风行》而作，表达了对战争的控诉和对人民痛苦的同情。"燕山雪花大如席"，这是高度的艺术夸张，犹"白发三千丈"（李白《秋浦歌》）之类，虽不可能有，但却变得可以理解和接受。正如鲁迅先生在《漫谈"漫画"》一文中所说："'燕山雪花大如席'是夸张，但燕山终究有雪花，就含着一点诚实在里面，使我们立刻知道燕山原来有这么冷。如果说广州雪花大如席，那就变成笑话了。"有研究表明，雪花的大小与气温关系大，在温度相对比较高的情况下，雪花晶体很容易互相并合，尤其当气温接近 0 ℃、空气比较潮湿的时候，雪花的并合能力特别大，往往成百上千朵雪花合并成一片鹅毛大雪。因此，鹅毛大雪是气温接近 0 ℃左右时的产物，并不是严寒气候的象征。三九严寒很少出现鹅毛大雪，而秋末初冬或冬末初春时，出现鹅毛大雪的几率反而更大些。

按降雪量或积雪深度分，降雪可分为小雪、中雪、大雪和暴雪四个等级。降雪量是气象观测人员用标准容器将 24 小时（或 12 小时）内采集到的雪化成水后，测量得到的数值，以毫米为单位。积雪深度是通过测量气象观测场上未融化的积雪表面到雪下地面之间的垂直深度得到的，测量时取间隔 10 米以上的 3 个测点求取平均，以厘米为单位。小雪是指 24 小时内积雪深度在 3 厘米以下，或降雪量在 0.1 ～ 2.4 毫米的降雪过程；中雪是指 24 小时内积雪深度在 3 ～ 5 厘米，或降雪量在

雪中故宫　赵任义/摄

2.5 ～ 4.9 毫米的降雪过程；大雪是指 24 小时内积雪深度在 5 ～ 8 厘米，或降雪量在 5.0 ～ 9.9 毫米的降雪过程；暴雪是指 24 小时内积雪深度在 8 厘米以上，或降雪量大于 10.0 毫米的降雪过程。

古代没有系统、持续的降雪深度的记录，但通过诗词我们也能大概知道当时降雪的大小。

柳枝词十三首（其一）

[宋] 司马光

烟满上林春未归，三三两两雪花飞。

柳条别得东皇意，映堤拂水已依依。

"东皇"指司春之神。"三三两两"形容数目不多，由此可以推断，此次降雪比较小，有无积雪尚且难说，即使有，也应是薄薄的一层。

卖炭翁

[唐] 白居易

卖炭翁，伐薪烧炭南山中。

满面尘灰烟火色，两鬓苍苍十指黑。

卖炭得钱何所营？身上衣裳口中食。

可怜身上衣正单，心忧炭贱愿天寒。

夜来城外一尺雪，晓驾炭车辗冰辙。

牛困人饥日已高，市南门外泥中歇。

翩翩两骑来是谁？黄衣使者白衫儿。

手把文书口称敕，回车叱牛牵向北。

一车炭，千余斤，宫使驱将惜不得。

半匹红绡一丈绫，系向牛头充炭直。

《卖炭翁》是白居易《新乐府》组诗中的第 32 首，自注云："苦宫市也。""宫市"指唐代皇宫里需要物品，就向市场上去拿，随便给点钱，实际上是公开掠夺。唐德宗时用太监专管其事。此诗描写了一个烧木炭的老人谋生的困苦，通过卖炭翁的遭遇，深刻地揭露了"宫市"的腐败本质，对统治者掠夺人民的罪行给予了有力的鞭挞与抨击，讽刺了当时腐败的社会现实，表达了作者对下层劳动人民的深切同情，有很强的社会典型意义。白居易主张"文章合为时而著，歌诗合为事而作"，是新乐府运动的倡导者，此诗可谓其新乐府诗的代表作。

　　"一尺雪"倒并不是真的下了一尺（约 33.3 厘米）的厚雪，"一尺"是虚数，极言积雪之深。

　　虽然"玉花飞半夜，翠浪舞明年"（苏轼《和田国博喜雪》），但是"为瑞不宜多"（罗隐《雪》），因为降雪量过多、积雪过厚，会影响牧区正常放牧，影响交通，压折树木，破坏通信、输电线路等。

夜 雪

[唐]白居易

已讶衾枕冷，复见窗户明。
夜深知雪重，时闻折竹声。

湖南岳阳雪景　蒋国华/摄

　　看来这场雪下得很大，竹子都被压折了，不知道有没有其他灾害发生。

　　20世纪80年代某年冬天，时近年关，岳阳突降暴雪，致使树木倒折、电力设施受损（水泥电线杆折断），春节期间我们只得用煤油灯或蜡烛照明。鹅毛大雪和积得很厚的雪不难见到，但因积雪压折树枝、电线杆，则比较罕见。

雪，从天而降，飘飘洒洒，她以冰清玉洁的身姿，装点着大千世界，深得人们喜爱，也赢得古往今来无数诗人的赞美。有人将其比拟为空中撒盐，"撒盐空中差可拟"；有人将其比拟为风飘柳絮，"（未若）柳絮因风起"；有人将其比拟为玉屑，"若逐微风起，谁言非玉尘"（何逊《咏雪》）；有人将其比拟为白玉，"江山不夜雪千里，天地无私玉万家"（黄庚《雪》），"有田皆种玉，无树不开花"（李商隐《喜雪》）；有人将风姿绰约的女子比作微风中飘扬的雪花，"飘飖兮若流风之回雪"（曹植《洛神赋》）……战国楚宋玉《对楚王问》曰："客有歌于郢中者，其始曰《下里》《巴人》，国中属而和者数千人。其为《阳阿》《薤露》，国中属而和者数百人。其为《阳春》《白雪》，国中有属而和者，不过数十人。引商刻羽，杂以流徵，国中属而和者，不过数人而已。是其曲弥高，其和弥寡。"以"白雪"与"阳春"为歌曲名，以示高雅脱俗，实在是对白雪有着深爱之人的创举，所有的赞美中，这个最得我心。

赤橙黄绿青蓝紫,谁持彩练当空舞
——漫谈彩虹的成因及形状

  1929 年 1 月初,湖南、江西两省国民党军按照蒋介石的指令,调集约三万人,准备对井冈山根据地发动第三次"会剿"。为了打破敌人的"会剿"并解决给养、冬服等问题,毛泽东、朱德、陈毅等率领红军从井冈山出发,于 1 月 14 日离开井冈山向赣南出击。由于敌军以重兵围追,红四军沿路五战皆失利。2 月 10 日(农历正月初一),红四军在江西大柏地麻子坳布下"口袋阵",伏击尾追不舍的敌军,自是日下午三时激战至次日正午,俘敌八百余人,缴枪八百余支,终于击溃敌军,取得这次转战以来首次重大胜利。1932 年 10 月中共苏区中央局宁都会议后,毛泽东受到排挤,被免去红一方面军总政治委员的职务,改去地方上主持中华苏维埃共和国临时中央政府的工作。1933 年夏天,毛泽东领导中央苏区的查田运动,重返大柏地,见雨后彩虹当空,抚今追昔,于是写下这首《菩萨蛮·大柏地》:

菩萨蛮·大柏地
毛泽东

赤橙黄绿青蓝紫,谁持彩练当空舞?雨后复斜阳,关山阵阵苍。
当年鏖战急,弹洞前村壁。装点此关山,今朝更好看。

清远北江彩虹　吴卫平/摄

天气现象篇

大柏地是圩镇名，在江西省瑞金县城北约 30 公里处。彩练本指彩色的绢带，这里指彩虹。

彩虹的成因

彩虹是一种常见的天气现象，但人类正确认识它却是一个漫长的过程。东汉末年刘熙《释名》说："虹，阳气之动，虹，攻也，纯阳攻阴气也"，这是阴阳之说。南朝宋刘敬叔《异苑》说："古者有夫妻，荒年菜食而死，俱化成青绛，故俗呼美人虹"，人死后化作彩虹，这是神话传说。宋代沈括则说，"虹乃雨中日影也，日照雨见有之"，这对彩虹的认识已经比较科学准确的了。不过，人类是在伽利略关于光的特性的专著出现后，特别是牛顿以玻璃棱镜把太阳光散射成彩色之后，才最终明白彩虹形成的光学原理。

我们知道，当太阳光通过三棱镜的时候，前进的方向会发生偏折，而且把原来的白色光线分解成红、橙、黄、绿、青、蓝、紫 7 种颜色的光带。彩虹则是阳光射到空中接近圆形的小水滴，造成色散及反射而成的。准确区分的话，光经过水滴发生一次反射时形成的叫"虹"，发生二次反射时形成的叫"霓"。彩虹的色带分明，红的排在最外面，接下来是橙、黄、绿、青、蓝、紫 6 种颜色。各种颜色的光波长不一样，折射率有所不同，导致折射角度的养异，因此不同颜色的折射位置不同，使虹和霓有了层次。红光的折射角度最小，紫光最大，因此红色在虹的

双彩虹　吴卫平/摄

最外侧，紫色在最内侧，霓则反之。彩虹的色彩鲜艳程度和宽窄，取决于空气中小水滴的大小，小水滴体积越大，形成的彩虹越鲜亮，也比较窄，小水滴体积越小，形成的彩虹就越淡，也比较宽。我们面对着太阳是看不到彩虹的，只有背着太阳才能看到，所以早晨的彩虹出现在西方，黄昏的彩虹总在东方出现。

彩虹出现的季节

彩虹最常出现在夏天的雨后。夏季是我国的多雨季节，雨后天青，空气中尘埃少而充满小水滴，具有彩虹形成最适合的气象条件。春季和

秋季,雨后偶尔也会出现彩虹,"迎冬小雪至,应节晚虹藏"(徐敞《虹藏不见》),冬季一般不会出现。《礼记月令》中写道:"季春之月,虹始见,孟冬之月,虹藏不见",说的便是彩虹隐现的一般规律。

咏虹诗

[唐]董思恭

春暮萍生早,日落雨飞馀。

横彩分长汉,倒色媚青渠。

梁前朝影出,桥上晚光舒。

原逐旌旗转,飘飘侍直庐。

霜天晓角·蒲帆十幅

[宋]华　岳

蒲帆十幅。飞破秋江绿。天际彩虹千丈,阑干外,泻寒玉。

一雨收残溽,云山开画轴。试问故人何处,青楼在画桥北。

　　董思恭所咏为春季的彩虹,"倒色媚青渠"与徐志摩《再别康桥》中"那榆荫下的一潭,不是清泉,是天上虹;揉碎在浮藻间,沉淀着彩虹似的梦"有异曲同工之妙。华岳描述的则是秋季的彩虹,"天际彩虹千丈"极尽"长虹卧波"之气势。

瀑布彩虹

有时近地面水汽在阳光的照射下也会形成色彩瑰丽的彩虹，所以人们经常可以在瀑布附近见到彩虹。

观壶口

[明] 张应春

星宿发源自碧空，凿开壶口赖神功。

吐吞万壑百川浩，出纳千流九曲雄。

水底有神掀巨浪，岸旁无雨挂长虹。

朝奔沧海夕回首，指顾还西瞬息东。

壶口瀑布是黄河中游流经秦晋大峡谷时形成的一个天然瀑布，它东濒山西省临汾市吉县壶口镇，西临陕西省延安市宜川县壶口乡，黄河至此两岸石壁峭立，三百余米宽的洪流骤然被两岸所束缚，上宽下窄，束狭如壶口，故名壶口瀑布。壶口瀑布宽达 50 米、深约 30 米，滚滚黄河水在巨大的落差中奔腾而下，水花四溅，飘浮于空中，每遇晴日，阳光斜射，往往形成"岸旁无雨挂长虹"的奇观。

比较有名的瀑布彩虹还有井冈山水口瀑布彩虹。井冈山水口瀑布位于井冈山五指峰左侧，一条高九十余米、宽十余米的瀑布从两块天然巨

瀑布彩虹　吴卫平/摄

石合成的"大嘴"的嘴角喷吐而出，故名水口瀑布。我曾于某年夏天的上午有幸目睹了井冈山水口瀑布彩虹的风采，只见阳光照射在瀑布溅出的水雾之上，七色彩虹随着游人走动而变换位置，给人飘忽不定、扑朔迷离之感。

彩虹的形状

彩虹呈弧形。彩虹之所以为弧形，与其形成有着直接关系，同样也与地球的形状有很大的关系。不同颜色光的波长不同，而波长决定光弯曲程度，红色光的弯曲度最大，橙色光与黄色光次之，紫色光弯曲最少。同时，由于地球表面的大气层为一弧面，从而导致了阳光在弧形表面上折射形成了我们所见到的弧形彩虹。

因彩虹为弧形，而我国古代桥梁以拱桥居多，故多有以桥梁比作彩虹的。

秋登宣城谢朓北楼

[唐]李　白

江城如画里，山晚望晴空。

两水夹明镜，双桥落彩虹。

人烟寒橘柚，秋色老梧桐。

谁念北楼上，临风怀谢公。

色带分明的彩虹　吴卫平/摄

　　李白在长安为官时一直为权贵所排挤，"安能摧眉折腰事权贵，教我不得开心颜"（李白《梦游天姥吟留别》），天宝十三载（公元754年）中秋节后，诗仙乃弃官而去，四处漂泊流荡，在苦闷彷徨中再度登上宣城谢朓北楼。谢朓北楼是南齐诗人谢朓任宣城太守时所建，又名谢公楼，是宣城的登览胜地。"两水"指句溪和宛溪，"两水夹明镜"是指两水绕城，水如明镜；"双桥"指横跨溪水的凤凰桥和沂川桥，"双桥落彩虹"是指凤凰桥和沂川桥倒映清澈的溪水中，在晚霞的映照下，犹如雨后绚丽夺目的两道彩虹。凤凰桥和沂川桥都是隋文帝开皇年间（公元581年—600年）所建的石拱桥，造型优美，曲线圆润，富有动态感。

　　近年，由于空气污染大气中浮尘增多，彩虹形成的气象条件一定程度上被破坏了，彩虹不如以前那样常见了。践行"绿水青山就是金山银山"的发展理念，加快转型升级，倡导低碳生活，改善生态环境，则彩虹可以常见，百姓之大幸矣。

黑云翻墨未遮山，白雨跳珠乱入船
——漫谈强对流天气成因及危害

　　强对流天气在气象学上指的是发生突然、天气剧烈、破坏力极大的灾害性天气，主要表现形式有短时强降水、雷雨大风、龙卷风、冰雹等。强对流天气发生于中小尺度天气系统，空间尺度小，一般水平范围大约在十几千米至二三百千米，有的水平范围只有几十米至十几千米。"飘风不终朝，骤雨不终日"（老子《道德经》），强对流天气的生命史短暂，约为一小时至十几小时，较短的仅有几分钟至一小时。

　　强对流天气是因大气强烈的垂直运动而出现的天气现象，故多发生在温暖潮湿、对流旺盛的季节，一般春季开始，夏末结束，部分地区的个别年份，秋冬季也会出现强对流天气，具体情况依各地气候而定。

　　强对流天气破坏力很强，能使房屋倒毁，庄稼树木受到摧残，电力交通受损，甚至造成人员伤亡。世界上把它列为仅次于热带气旋、地震、洪涝之后第四位具有杀伤性的灾害性天气。

短时强降水

　　短时强降水是指短时间内降水强度较大，其降雨量达到或超过某一量值的天气现象。这一量值的规定，各地气象台站不尽相同。短时强降

213

天气现象篇

水空间尺度较小，一般水平范围大约在十几千米至二三百千米，有的水平范围只有几十米至十几千米。其生命史比较短暂，约为一小时至十几小时，较短的仅有几分钟。

六月二十七日望湖楼醉书

[宋] 苏　轼

黑云翻墨未遮山，白雨跳珠乱入船。

卷地风来忽吹散，望湖楼下水如天。

　　望湖楼又名"看经楼"，五代时越王所建，在今杭州西湖边昭庆寺前。这首诗记述了短时强降水酝酿、发生、结束的整个过程。"黑云翻墨未遮山"，乌云翻滚像泼洒的墨汁一样，远处的山在乌云中若隐若现，这是强对流云系酝酿发展的阶段；"白雨跳珠乱入船"，白色的雨点像珍珠一样乱蹦乱跳窜上船，这是强降水的发生阶段；"卷地风来忽吹散，望湖楼下水如天"，忽然一阵风卷地而来，把雨吹散了，风雨过后望湖楼下波光粼粼，水面天际连成一片，短时强降水结束。一个"乱"字，说明降水之强，一个"忽"字，表明降水历时较短。

　　短时强降水可能引发山洪暴发，泥石流、山体崩塌和滑坡等地质灾害，破坏性极强。2010年8月7日22时左右，甘肃甘南藏族自治州舟曲县城东北部山区突降特大暴雨，40多分钟降雨量达到90多毫米，县城北面的罗家峪、三眼峪泥石流下泄，由北向南冲向县城，造成严重灾害。固然舟曲县城附近的地质构造岩性松软、比较破碎，风化程度也很厉害，且前期有较长时间的持续干旱，这些都是灾害发生的原因，但强降雨还是本次地质灾害的直接诱因。

短时强降水在我们生活当中经常遇到，驾车的朋友（尤其是在我国南方）或许有过这样的经历：开车过程中，突遇倾盆大雨，接着往前开，却是艳阳高照，界限十分明显。其实，这可能就是遇上了短时强降水。

雷雨大风

雷雨大风是指在发生强雷雨天气现象的同时，出现风力达到或超过 8 级 (风速 ≥ 17.2 米 / 秒) 的天气现象。当雷雨大风发生时，乌云滚滚，电闪雷鸣，狂风伴着强降水，有时还伴有冰雹。雷雨大风所波及的范围一般只有几千米至几十千米。

雷雨大风常出现在强烈冷锋前面的雷暴高压中。雷暴高压是存在于雷暴区附近地面气压场的一个很小的局部高压，雷暴高压中心温度比四周低，下沉气流极为明显，雷暴高压前部为暖区，暖区有上升气流，就在这个下沉气流与上升气流之间，存在着一条狭窄的风向切变带，这就是雷雨大风发生的位置，它移动过境时会带来极强烈的暴风雨。如果雷雨大风发生在单一气团内部，那么它常常是由于局地受热不均引起的。

雷雨大风的生命史极短，短则几分钟，长则超过一小时。或许有读者对雷雨大风生命史"长则超过一小时"不太理解，因为实际生活中，雷雨大风在同一个地点持续一个小时是非常罕见的。但为什么又说其生命史长则超过一小时呢？这是因为，产生雷雨大风的强对流云系如果在移动过程中强度维持甚至发展加强，所过之处又基本都出现了雷雨大风（这些可以通过雷达回波和自动气象站资料判断），其累积时间有可能超过一小时。而雷雨大风的生命史，是指从其发生到消亡的一次过程的累积时间。如 2011 年 4 月 17 日影响广东省的一次雷雨大风天气，凌晨 6—7 时在广西梧州强对流云系开始生成，8 时有所发展，9 时移入广东省肇庆市封开境内并进一步加强，开始出现雷雨大风天气，然后以约 50 千米 / 时的速度向东南方向移动，途经肇庆德庆、高要、鼎湖区、佛山高明、顺德，于 14 时 30 分左右到达广州南沙，并在南沙减弱消失，其生命史长达近五个小时。

夏 夜

[唐] 韩 偓

猛风飘电黑云生，霎霎高林簇雨声。

夜久雨休风又定，断云流月却斜明。

该诗记述了一次雷雨大风天气过程：夏天夜晚狂风大作，电闪雷鸣，天空布满了乌云，须臾暴雨骤至；夜深时分，雨止风住，一弯斜月从残云中钻了出来。

　　雷雨大风的危害极大。一方面，强雷暴可能造成雷击事件，另一方面，大风也可造成灾害。2012年4月5日凌晨，广东清远连州市出现强烈的雷雨大风天气，连州市地面气象观测站录得45.5米/秒的大风，达到14级，为有气象记录以来广东省地面气象观测站录得的最大瞬时风速。当日上午，我和同事赶往连州市进行灾情调查时，只见树木倒折、户外广告牌撕裂、工棚屋顶被掀，市区及近郊一片狼藉，市区自来水厂也因雷击而停止供水。这次雷雨大风造成了巨大的经济损失，幸无人员伤亡。

清远连续雷雨大风造成巨大损害　李书桂/摄

龙卷风

　　龙卷风是一种强烈的、小范围的空气涡旋，是由雷暴云底伸展至地面的漏斗状云产生的强烈的旋风，其风力可达12级以上，一般伴有雷雨，有时也伴有冰雹，具有极大的破坏力。龙卷风与热带气旋（台风）性质相似，只不过尺度比热带气旋小很多，且热带气旋只在热带洋面生成，而龙卷风则在陆地上十分常见。

　　我国龙卷风主要发生在东南沿海地区，时间主要集中在春、夏两季，但各地因气候不同而有差异，如广东省多发生在4月和5月，山东省多发生在7月和8月。

　　龙卷风的水平范围很小，直径从几米到几百米，最大为1千米左右；在空中直径可有几千米，最大有10千米。龙卷风持续时间极短，一般仅几分钟，最长不过几十分钟。

龙　挂

[宋]陆　游

成都六月天大风，发屋动地声势雄。

黑云崔嵬行风中，凛如鬼神塞虚空，霹雳迸火射地红。

上帝有命起伏龙，龙尾不卷曳天东。

壮哉雨点车轴同，山摧江溢路不通，连根拔出千尺松。

未言为人作年丰，伟观一洗芥蒂胸。

水龙卷 黄晓梅/摄

天气现象篇

"龙挂"即龙卷风,古时以为龙卷风是龙下挂吸水,故名。"连根拔出千尺松",龙卷风的卷吸力非常大,所到之处就连千尺高的松树也被连根拔起。由此可见龙卷风破坏力之巨大。"霹雳迸火射地红""壮哉雨点车轴同",则说明本次龙卷风天气同时伴有雷暴和强降水。

龙卷风分为陆龙卷和水(海)龙卷,出现在陆地上的龙卷风称为陆龙卷,出现在水(海)面上的龙卷称为水(海)龙卷。陆游在成都所见的是陆龙卷,而下面这首诗中出现的龙卷风则是水龙卷。

连雨江涨二首(其一)(节选)

[宋]苏 轼

越井冈头云出山,牂牁江上水如天。

床床避漏幽人屋,浦浦移家蜑子船。

龙卷鱼虾并雨落,人随鸡犬上墙眠。

只应楼下平阶水,长记先生过岭年。

这是作者贬于惠州(今广东惠州市惠阳区)时所作。"幽人"指隐逸之人,为作者自称。"浦"指小河流入江海的地方。"蜑子"是指过去广东、广西、福建内河和沿海一带的水上居民,多以船为家,以渔业为生。"龙卷鱼虾并雨落",从水里卷上来的鱼虾又并着雨一起落了下来。

2015 年 10 月 4 日下午 3 时前后，受强台风"彩虹"外围螺旋云带影响，佛山顺德和广州番禺、汕尾海丰等地出现龙卷风，导致多地电网、工厂受损，交通受阻，农业受灾，并造成一定人员伤亡。广东龙卷风常在春夏之交发生，此次却发生在秋季，而且范围很广，特别少见。

冰雹

冰雹也叫"雹"，俗称"雹子"，有的地区叫"冷子"，在春夏之交和夏季最为常见。冰雹形成于特别旺盛的对流云中。水汽随气流上升遇冷会凝结成小水滴，若随高度增加温度继续降低，达到摄氏零度以下时，水滴就凝结成冰粒；在它上升运动过程中，会吸附其周围小冰粒或水滴而长大，直到其重量无法为上升气流所承载时即往下降；当其降落至较高温度区时，其表面会融解成水，同时亦会吸附周围的小水滴，此时若又遇强大之上升气流再被抬升，其表面则又凝结成冰；如此反复进行，其体积如滚雪球般越来越大，直到它的重量大于空气浮力，即往下降落，如落地时已溶解成水，就是雨，若达地面时仍呈固态颗粒状者，便称为冰雹。

冰雹多呈圆球形或圆锥形，直径一般为 5 ～ 50 毫米，最大的可达 10 厘米以上。

冰雹 李书桂/摄

　　我国除广东、湖南、湖北、福建、江西等省冰雹较少外，其余各地每年都会遭受不同程度的雹灾，比较严重的雹灾区有甘肃南部、陇东地区、阴山山脉、太行山区和川滇两省的西部地区。我国冰雹最多的地区是青藏高原，例如西藏东北部的黑河（那曲），每年平均有 36 天冰雹，班戈、申扎、安多、索县等地也都有 30 天左右。

　　冰雹的局地性强，影响范围一般宽约几十米到数千米，长约数百米到十多千米，所以民间有"雹打一条线"的说法。冰雹生命史短，一般在 10 分钟左右，少数在 30 分钟以上。冰雹出现的范围虽然较小，历时也比较短，但来势猛、强度大，并常常伴随着狂风、强降水、急剧降温等阵发性灾害性天气过程，是我国严重的自然灾害之一，每年都给农业、建筑、通讯、电力、交通以及人民生命财产带来巨大损失。

丙戌五日京师作二首（其一）

[宋]王安石

北风阁雨去不下，惊沙苍茫乱昏晓。

传闻城外八九里，雹大如拳死飞鸟。

从"大如拳"可以猜想，这次冰雹灾害应该绝非仅仅是"死飞鸟"这么简单。

我在广东气象部门工作近 20 年，记忆中冰雹天气屈指可数，但有一次却令我印象深刻。2016 年 1 月 5 日 20 时至 22 时，清远市连山中北部、连南、阳山先后出现了冰雹天气。这些地区本来就少有冰雹，而且在隆冬季节出现，十分罕见。

最后需要说明的是，强对流天气是以有利的大尺度天气系统为背景的，大尺度天气系统影响或决定着中小尺度天气系统的生成、发展、移动和消亡全过程。如华南前汛期（4—6 月）多强对流天气，其大尺度天气背景是其时北方南下的越来越弱的冷空气与南方洋面北上的越来越强的暖空气在华南交汇对峙。另外，不同强对流天气有时会同时出现。例如，发生短时强降水时，就可能伴有雷电，甚至大风、冰雹，发生雷雨大风时，则有可能伴有短时强降水和冰雹等。如上面提及的 2011 年 4 月 17 日广东省出现的雷雨大风天气，强回波经过的地方，基本都出现了短时强降水，且德庆、高要、高明、顺德、南沙部分乡镇先后出现了冰雹。

参考文献

程俊英，2012.诗经译注 [M].上海：海古籍出版社．

郭蕾，2003.宋词地图 [M].广州：南方日报出版社．

黄益庸，2000.历代山水诗 [M].北京：大众文艺出版社．

林良勋，冯业荣，黄忠，等，2006.广东省天气预报技术手册 [M].北京：气象出版社．

林之光，1987.中国气候 [M].北京：气象出版社．

林之光，2009.气象万千 [M].武汉：湖北少儿出版社．

刘义庆，2012.世说新语 [M].北京：中国画报出版社．

缪钺，霍松林，周振甫，等，1987.宋诗鉴赏辞典 [M].上海：上海辞书出版社．

潘富俊，2015.草木缘情：中国古典文学中的植物世界 [M].北京：商务印书馆．

钱锺书，2002.宋诗选注 [M].北京：生活·读书·新知三联书店．

钱锺书，2007.谈艺录 [M].北京：生活·读书·新知三联书店．

曲黎敏，2016.诗经：越古老，越美好 [M].南京：江苏凤凰文艺出版社．

王振铎，1995.人间词话与人间词 [M].郑州：河南人民出版社．

吴真，2003.唐诗地图 [M].广州：南方日报出版社．

夏承焘，唐圭璋，周汝昌，等，2003.宋词鉴赏辞典 [M].上海：上海辞书出版社．

萧涤非，程千帆，马茂元，等，2004.唐诗鉴赏辞典 [M].上海：上海辞书出版社．

许绍祖，蒋龙海，沈春康，等，1993.大气物理学基础 [M].北京：气象出版社．

叶嘉莹，2007.唐宋词十七讲 [M].北京：北京大学出版社．

于丹，2012.重温最美古诗词 [M].北京：北京联合出版公司．

朱乾根，林锦瑞，寿绍文，等，1992.天气学原理和方法 [M].北京：气象出版社．

朱自清，2012.经典常谈 [M].北京：新世界出版社．

后记

　　结合古诗词和气象学原理来阐释气象知识，这种想法一直在我脑海萦绕，终于在 2010 年付诸行动。由于业务工作较为繁重，资料查阅收集耗时费力，写作一直处于断断续续的状态，到 2016 年底才基本完成，至此，前后已有七八年时光。

　　我尽量选取相关性密切、传诵度高的古诗词，但我国古诗词浩如烟海，包含气象知识的古诗词也俯拾皆是，取舍的困难、挂一漏万的遗憾，伴随着写作的整个过程。同时，写作过程又是如此愉悦。这是一次重新梳理专业知识，重新学习古诗词的过程。

　　在本书出版过程中，气象出版社邵华女士给予了极大的帮助，清远市国土资源局吴卫平先生提供了大量的精美图片，在此致以诚挚的感谢！感谢我的女儿司芮，写一本与古诗词相结合的气象科普读物给她看，是我能坚持下来的精神支持。

　　由于本人水平有限，错漏之处在所难免，敬请专家、读者批评指正。

蒋国华

立春偶成

宋　张栻

律回岁晚冰霜少，

春到人间草木知。

便觉眼前生意满，

东风吹水绿参差。